MX-5

Die Wiedergeburt des klassischen Roadsters
Mit einer Geschichte der populärsten Sportwagen der Welt

Von Jack K. Yamaguchi
und Jonathan Thompson

Fotografiert von Haru Tajima

Copyright © 1989 by Dai Nippon Printing Co., Ltd., Tokyo, Japan
Die Originalausgabe ist erschienen unter dem Titel.

The Rebirth of the Sports Car in the new Mazda MX-5 with a History of the World's Affordable
Sports Cars by Jack K. Yamaguchi and Jonathan Thompson.

Deutsche Bearbeitung: Oliver Schrott.

ISBN 3-613-01348-7

1. Auflage 1990.
Copyright © by Motorbuch Verlag, Postfach 103743, 7000 Stuttgart 10.
Ein Unternehmen der Paul Pietsch-Verlage GmbH & Co.

Satz: Vaihinger Satz und Druck
Druck: Dr. Cantz'sche Druckerei
Bindung: Buchbinderei Riethmüller
Printed in Germany

Mazda MX-5: Die Wiedergeburt des klassischen Roadsters
Mit einer Geschichte der populärsten Sportwagen der Welt
Von Jack K. Yamaguchi und Jonathan Thompson
Fotografiert von Haru Tajima
Deutsche Bearbeitung: Oliver Schrott

Inhalt

Vorwort

Im Amerika der 50er Jahre erlebten kleine, erschwingliche Sportwagen wie der Triumph und der MG ihre Glanzzeit. Doch die Zeiten änderten sich, die offenen Sportler verschwanden fast gänzlich von der Bildfläche. Es schien, als wäre der kompakte Sportwagen mit Klappdach überholt, eine abgehakte Episode der Automobilgeschichte. Wir bei Mazda mochten daran nie glauben, verkörpert doch der Roadster die ursprünglichste und reinste Form des Sportwagens. Und wir vertrauten darauf, daß all jene, die es selbst erlebt hatten, nie würden vergessen können, wie herzerfrischend es ist, in einem offenen Wagen zu fahren und sich den Wind um die Nase wehen zu lassen. Es war unser Ziel, diese elementare Form des Fahrerlebnisses zahlreichen Autofahrern zu ermöglichen. Deshalb entwickelten wir den Mazda MX−5, einen modernen, leichten Sportwagen mit der heute unverzichtbaren technischen Perfektion.

Der Mazda MX−5 ist das Resultat einer Zusammenarbeit von engagierten Fachleuten in Amerika und Japan. Für die originelle Form des Wagen zeichnet unser Zentrum für Forschung und Entwicklung in Kalifornien verantwortlich. Und unsere Designer und Produktplaner in den USA waren eine treibende Kraft bei der Realisierung des Projekts. Obwohl sich viele von uns von den klassischen Sportwagen mit Softtop inspirieren ließen, stellt der Mazda MX−5 keineswegs eine Reproduktion der Sportwagen von gestern dar. Unter Einsatz modernster Technologien wurde dieses Auto zum unverfälschten, reinrassigen Roadster, entwickelt von kompromißlosen Ingenieuren und mutigen Designern in Hiroshima, Japan. Der Mazda MX−5 verdankt sein Entstehen der gleichen Begeisterung und Leidenschaft, die auch die Planer des ersten Mazda RX−7 erfüllte.

Ich bin dankbar, daß Jack Yamaguchi, ein international angesehener Journalist und großer Autoliebhaber, sich dazu bereit erklärte, Automobilfans in aller Welt den Mazda MX−5 eingehend vorzustellen. Er ist ebenfalls Autor des Buches über die zweite Generation des RX−7, seit langem ein Verfechter des Kreiskolbenmotors und teilt seit vielen Jahren meine Leidenschaft für Sportwagen. Ohne sein Engagement für Autos mit Fahrspaß wäre dieses Buch nie erschienen, das, so glaube ich, Information und Lesevergnügen aufs trefflichste verbindet.

Kenichi Yamamoto

Vorsitzender, Mazda Motor Corporation

Einleitung

Es war eine bedeutende Aufgabe, den einzigen Kreiskolbenmotor der Welt großserienreif zu machen. Mazda hat es geschafft, wie die beiden Generationen des RX–7 beweisen. Damit nicht genug, begann der dynamische Hersteller in Hiroshima mit Entwurf, Planung und Entwicklung eines zweiten, völlig anderen Sportwagens – eine bemerkenswerte Leistung, betrachtet man die Zeitspanne von etwas mehr als einem Jahrzehnt, die seit der Geburt der ersten RX–7-Generation vergangen war.

Der Mazda MX–5 ist weit mehr als ein neues Auto, auch wenn er noch so sportlich ist: Er ist die Realisierung eines Traums, auf dessen Erfüllung Fans in aller Welt hofften – des Traums vom offenen Sportwagen zum erschwinglichen Preis; Fahrspaß pur ohne Reue.

Wie schon bei der Vorbereitung meines Buches über den RX–7 und die Mazda-Sportwagen mit Kreiskolbenmotor habe ich viele Mitarbeiter von Mazda getroffen, die an Entwurf, Planung und Entwicklung des Mazda MX–5 beteiligt waren. Sie erfüllen innerhalb des Unternehmens verschiedene Funktionen und Aufgaben, aber es einte sie ein gemeinsames Ziel: Jeder wollte am Bau eines Sportwagens mitwirken, den jeder von ihnen selbst gerne fahren würde. So brachte jeder seine Begeisterung, seine Philosophie, seine Ideen mit ein in das Projekt.

Und so legt der Mazda MX–5 Zeugnis dafür ab, was gemeinsame Anstrengung vermag, wie sich Harmonie zwischen Mensch und Technik darstellen kann. Der Mazda MX–5 ist einfach und unkompliziert, ohne nostalgisch simpel zu sein, hochmodern und individuell. Ein Typ für Individualisten.

Ohne den Rückblick von Jon Thompson auf die traditionellen Vorläufer des Mazda MX–5 wäre dieses Buch unvollständig, denn ohne diese wundervollen Sportwagen gäbe es den Mazda MX–5 heute nicht.

Jon und ich wissen uns einig: Der Mazda MX–5 ist ein unvergleichlicher Wagen!

Jack K. Yamaguchi

Meine Beschäftigung mit dem Mazda MX–5 ist kürzer als die von Jack, aber vielleicht deswegen auch aufregender. Ich war traurig, als während des letzten Jahrzehnts gesetzliche Vorschriften den traditionellen Sportwagen ein Ende bereiteten; einem nach dem anderen. Es sah nicht so aus, als würde es so etwas wie klassische Roadster jemals wieder geben. Welch eine gute Neuigkeit ist da der MX–5 und damit die Chance, über die eigentliche Essenz des Konzeptes »Sportwagen« und seine früheren Beispiele zu schreiben.

Und dann erst die Gelegenheit, einen MX–5 der Vorserie zu fahren und die moderne Wiedergeburt der alten Tradition zu beschreiben. All das in nur wenigen hektischen Monaten. Es passiert nicht oft, daß die Arbeit an einem Buch zu einer solch stimulierenden Erfahrung wird.

Jonathan Thompson

Impressionen einer Fahrt mit dem Mazda MX–5

Von Jonathan Thompson

Zunächst sah ich den neuen Mazda MX–5 nur von fern, als wir auf dem Mazda-Miyoshi-Testgelände vom Parkplatz aus den Hügel hinaufstiegen. Ein roter Wagen mit Faltdach, dem aber auch ein Hardtop offensichtlich gut zu Gesicht stünde. Obwohl ich bereits Fotos vom Mazda MX–5 kannte, war ich bei diesem ersten Treffen aufgeregt wie bei einem Rendezvous. Der Wagen schien mir etwas kleiner, als ich ihn mir vorgestellt hatte, noch gerundeter und sehr attraktiv. Ein Spielmobil, das ungeduldig darauf wartet, daß einer mit ihm spielt – und Jack Yamaguchi und ich waren genau deswegen auf den kurzen, kurvenreichen Parcours gekommen.

Das Karosseriedesign des Mazda MX–5 ist von raffinierter Schlichtheit, das seine Feinheiten erst bei genauerem Hinsehen offenbart. Keine Frage, der Wagen besitzt Ausstrahlung, etwas Animalisches. Die ovale, tief angesetzte Kühlluftöffnung – ein leicht geöffnetes Lippenpaar. Die Klappscheinwerfer, die den Blick bei Tage züchtig gesenkt halten. Der vordere Stoßfänger ist harmonisch integriert und leicht eingewölbt, damit sich ein Luftpolster bilden kann. Schmale Leuchten, bündig in die Frontpartie eingebettet. Die Motorhaube scheint eine einfache konvexe Form zu besitzen, sie weist jedoch über dem Motor eine feine Wölbung auf und steigt an den Längsseiten leicht, um eine Art Kotflügel zu bilden.

In der Seitenansicht wirkt die Linie der Kotflügel fast gerade, ändert man jedoch den Blickwinkel, so zeigt sich eine fließende S-Kurve mit sich ständig bewegenden Glanzpunkten. Hinten läuft diese Kontur in der Andeutung eines Heckspoilers beinah kantig aus. Die Heckleuchten führen die rundliche Linie des Wagens fort. Auffällig an den rückwärtigen Signaleinheiten sind die jeweils paaarweise angeordneten, linsenförmigen Leuchten, wobei die innenliegenden die Straße bei Rückwärtsfahrt erhellen. Verglichen mit der glatten Nase, springt die hintere Stoßstange vor, der Überhang ist jedoch gering.

Die Räder erinnern im Design an die traditionellen British Minilites, haben statt acht aber nur sieben Speichen. Dies verleiht ihnen sowohl im Stand als auch während der Fahrt eine reizvolle Optik. Durch die kurzen Karosserieüberhänge, den langen Radstand und die geringe Höhe macht der Mazda MX–5 eine sportliche Figur, was die 185er Reifen noch betonen.

Um den richtigen Fahreindruck vermittelt zu bekommen, muß das Verdeck einfach heruntergeklappt werden. Ein Sportwagen wie dieser will total offen gefahren werden. Los geht's. Zunächst fährt Yamaguchi

einige Runden mit mir, um mich mit dem ein Kilometer langen Kurs vertraut zu machen, der wunderschön auf einen bewaldeten Hügel angelegt ist. Ich genieße mein Dasein als Beifahrer, brenne aber natürlich darauf, selbst das Steuer in die Hand zu nehmen...

Als ich mich auf dem Fahrersitz niederlasse, bin ich einmal mehr von der Einfachheit des Mazda MX−5 überrascht. Keine Spur von elektronischen Spielereien, aber alles vorhanden, was man an Informationsanzeigen und Instrumenten so braucht: ein Drehzahlmesser (bis 8000/min) und ein Tachometer (bis 220 km/h), jeweils von Chromringen eingerahmt, dazu drei Zusatzanzeigen für Benzinvorrat, Öldruck und Kühlmitteltemperatur. Bedienungselemente, die man zum Fahren nicht unbeding braucht, sind zentral über der Mittelkonsole plaziert.

Das Interieur ist ganz in Schwarz gehalten. Der Sitz paßt, nachdem ich ihn manuell auf meine Maße eingestellt habe, wie angegossen. Die Gurte drücken nicht. Die Außenspiegel sind schnell von Hand justiert.

Der Motor startet sofort nach Drehen des Zündschlüssels, er läuft ruhig und leise, läßt erst von sich hören, als ich die Drehzahl erhöhe. Ich fahre langsam los und registriere erfreut die leichtgängige Kupplung. Augenblicklich verspüre ich den Drang, Gas zu geben. Und genau das tue ich auch. Der Motor kommt auf Touren, und die Fünfgang-Schaltung mit ihren kurzen Wegen reagiert so prompt, daß ich gleich im 3. Gang die erste enge Kurve des kleinen Kurses nehme.

Schon nach wenigen hundert Metern fühle ich mich mit dem Mazda MX−5 vertraut, nicht zuletzt ein Verdienst der präzisen Lenkung, die direkten Straßenkontakt vermittelt. Dank dieser Präzision kann ich meine Linie durch die aufeinanderfolgenden Kurven wählen und variieren und bin mir absolut sicher, notfalls jederzeit risikolos korrigieren zu können. Die 185/60−14-Reifen verlangen bei geringen Geschwindigkeiten nur wenig Lenkkräfte.

Bei höherem Tempo sind sie sehr griffig, was indes nichts daran ändern kann, daß sich in Kurven spektakuläre Drifts provozieren lassen. Lenken per Gaspedal, ganz wie bei den klassischen Sportwagen. Kein Wunder, ist der Mazda MX−5 doch nach dem traditionellen Konzept Frontmotor/Hinterradantrieb gebaut. Das Quertreiben macht einen Heidenspaß, zumal ich den Wagen stets wieder sicher auf Kurs bringen kann. Noch besser kann's allerdings Hirotaka Tachibana, Entwicklungsingenieur bei Mazda; er läßt den Mazda MX−5 in Rallye-Manier über den Kurs fliegen, wobei weder die

Schnauze noch die Vorderräder je geradeaus weisen. Indem er den Wagen in haarsträubende Positionen zwingt, beweist er, wie unmittelbar der Mazda MX−5 auf Lenk- und Gasbefehle reagiert.

Durch die Verbindung des Kraftübertragungsstrangs mit dem Triebwerksrahmen aus Aluminium ergibt sich eine Festigkeit, die ich besonders bei schnellen Starts aus dem Stand schätze. Da gibt es kein Scheppern, kein Aufbäumen beim Spurt, keine Lastwechselschläge. Und es ist wirklich sehr schwierig, die Hinterräder zum Durchdrehen zu bringen.

Die Scheibenbremsen arbeiten so, wie man es erwartet: Sie sind voll da, wenn sie gebraucht werden. Ihre Dosierbarkeit ist hervorragend. Der Mazda MX−5 kann heftig verzögert werden, ohne daß er auch nur andeutungsweise blockiert. Notbremsmanöver bleiben stets kontrollierbar. Obwohl wir die Länge der Bremswege nicht nachgemessen haben, müssen sie meinem Eindruck nach ziemlich kurz sein.

Ungeachtet seiner sportlichen Fähigkeiten erweist sich der Mazda MX−5 auch als komfortabler Reisewagen. Er ist sehr stabil, wetterfest und hält einwandfrei die Spur, auch wenn die Straße sehr uneben ist. Er läßt mich vergessen, daß es sich hier um einen kleinen, offenen Roadster mit relativ kurzem Radstand handelt.

Die Karosserie ist verwindungssteif und ruhig, die A-Säule macht keinen Lärm, und das handliche Stoffverdeck sitzt paßgenau. Das Verdeck kann mit einer Hand vom Fahrersitz aus hochgezogen oder heruntergelassen werden, und die breiten Schnappverschlüsse oben an der Windschutzscheibe sind schnell und einfach zu bedienen. Das Hardtop, trotz seines gewölbten Rückfensters extrem leicht, ruht heckseitig auf zwei Stiften und wird auf gleiche Weise an der Windschutzscheibe verankert. Beim Stoffverdeck ist die Sicht nach hinten gut, noch besser durch die größere Heckscheibe des Hardtops. Das Kunststoffenster des Stoffverdecks läßt sich per Reißverschluß entfernen, das verhindert ein Knittern, wenn das Top gefaltet wird und ermöglicht Luftzufuhr ins Wageninnere.

Auch bei höherer Geschwindigkeit verursacht das Stoffverdeck kein Rauschen oder Klappern. Das Motorengeräusch bleibt sich bei hochgezogenem und heruntergelassenem Stoffverdeck praktisch gleich, allerdings werden Straßengeräusche bei geschlossenem Verdeck verstärkt hörbar. Deutlicher dringen Straßengeräusche ans Ohr, wenn das Hardtop montiert ist, aber es tritt kein Trommeln auf.

Der Vierzylinder selbst gibt im mittleren Drehzahlbe-

reich nur ein verhaltenes Grummeln von sich, dreht man aber über 6000/min hinaus, brüllt der Tiger – eine der Freuden dieses Sportwagens. Immer genau der richtige Sound zur gewählten Leistung: sanft, schnell oder sehr wild.

Beim vollen Ausdrehen registriere ich sehr gute Schubkraft und jeweils nahtlosen Anschluß an den nächsthöheren Gang. Wenn ich jedoch sanfter fahre, stelle ich nur ʼeine leichte Drehmomentschwäche unterhalb von 4500/min fest. Allerdings wird dies durch rasches Herauf- oder Herunterschalten schnell überspielt. Es ist schier unmöglich, einen Gang zu verfehlen, selbst der Rückwärtsgang rastet unverzüglich ein.

Dieses Auto beschert seinem Piloten pure Fahrfreude und animiert ihn dazu, sich die passenden Straßen auszusuchen. Doch auch im normalen Alltagsverkehr fällt auf, welch extreme Sorgfalt die Planer bei Mazda sowohl bei der Funktion als auch bei der Ästhetik auf jedes Detail verwendet haben.

Selbst unter der Motorhaube erkennt man die ordnende Hand. Das Triebwerk, hinter der Vorderachse in Längsrichtung eingebaut, ist gut zugänglich und durch die sorgsam verlegten Ansaugleitungen sowie den ebenso klassischen wie modernen Doppelnockenwellen-Look auch optisch ein Leckerbissen.

Die Türgriffe, einige der wenigen Chromteile am Auto, zeigen italienische Eleganz. Sie lassen sich leicht per Daumen oder Zeigefinger öffnen, je nachdem, mit welcher Hand sie betätigt werden. Liebe zum Detail beweisen auch die Sonnenblenden, die sich halb in der Horizontalen falten lassen, damit das Sichtfeld des Fahrers möglichst nicht beeinträchtigt wird. Der Kofferraum ist klein, aber er bietet Raum für mindestens zwei mittelgroße Koffer; durch das Notrad wird etwas Raum gespart, allerdings nimmt die Batterie, die hinten rechts installiert ist, etwas Platz weg.

Das Lenkrad mit Aufprallschutz ist in Form und Feeling betont sportlich gehalten und besitzt zwei Daumenknöpfe für die Hupe. Mit den beiden Hebeln an der Lenksäule werden auf der linken Seite die Scheinwerfer und Blinker, auf der rechten Seite die Scheibenwischer – mit Zwischenstufen – aktiviert. Zusätzlich zum herkömmlichen, abschließbaren Handschuhfach unter dem Armaturenbrett auf der Beifahrerseite gibt es in der Mittelkonsole hinter der Handbremse ein weiteres abschließbares Fach. In der Standardausführung bietet der Mazda MX–5 manuelle Seitenfensterkurbeln, die 3½ Umdrehungen benötigen. Die Topschutzkappe schnappt leicht über dem zurückgezogenen Stoffverdeck zu, auf Wunsch gibt es eine zusätzliche Abdeckung für den gesamten Innenraum, oder, wenn man alleine fährt, nur für die rechte Seite.

Nach einem viel zu kurzen Nachmittag mit dem Mazda MX–5 fällt es mir schwer, mich wieder von ihm zu trennen. Nachdem mir schon sein Styling auf Anhieb gefallen hatte, hat mich der Wagen nun auch insgesamt voll überzeugt. So einen handlichen, mühelos beherrschbaren, sympathischen Roadster bin ich bis dato noch nie gefahren.

Produktprogramm-Manager Toshihiko Hirai verfolgte die Absicht, Fahrer und Fahrzeug sozusagen zu einer Einheit zu verschmelzen. Es ist ihm gelungen. Man blieb dem Konzept trotz der zahlreichen widersprüchlichen Anforderungen durch moderne Bestimmungen und Marketing-Erwägungen treu, und die

sorgsame Projekt-Leitung durch Shinzo Kubo, den Assistenten von Hirai, kommt in der Harmonie der Funktion und in der Liebe zum Detail zum Ausdruck.

Schwer zu sagen, was sich am Mazda MX–5 noch verbessern ließe. Ich persönlich empfinde einzig die Klappscheinwerfer als kleinen modernistischen Stilbruch beim klassischen Roadster-Konzept des Mazda MX–5. Aber das bleibt Geschmackssache. Jedenfalls kann ich mir kaum vorstellen, daß dieser Mazda kein Markterfolg wird.

Man genießt mit ihm das klassische Sportwagen-Feeling, ohne auf die moderne Funktionalität eines Alltagsfahrzeuges verzichten zu müssen. Keine Frage – sie alle werden den Mazda MX–5 in ihr Herz schließen, die Sportwagenfans von gestern und die von heute.

Gruppenbild mit Mazda MX–5: Autor Jack G. Yamaguchi, Projektleiter Shinzo Kubo, Autor Jonathan Thompson und Hirotaka Tachibana, Chefmanager der Abteilungen Test und Forschung.

Kapitel

1

Die Geburt eines Sportwagens

Die Enthusiasten

Der damalige Generaldirektor von Mazda, Kenichi Yamamoto, empfing einen Besucher in der Hauptgeschäftsstelle in Hiroshima. Yamamoto, der es in den folgenden Jahren bis zum Vorstandsvorsitzenden bringen sollte, war eine der wenigen japanischen Spitzenführungskräfte, die international bekannt und bei den Automobiljournalisten sehr beliebt waren. Der Besucher an diesem Vorfrühlingstag des Jahres 1979 hieß Robert Hall, ein Amerikaner, Herausgeber der Automotive News und der Autoweek an der Westküste.

Bei ihrem Zwiegespräch schnitten sie verschiedene Themen an und kamen schließlich auf den Punkt. Die zentrale Frage, die beide brennend interessierte, obwohl sie damals nicht auf demselben Gebiet arbeiteten, lautete: »Was für Autos sollte Mazda bauen?«

Bob Hall war in einer Sportwagen-verrückten Familie aufgewachsen; sein Vater besaß eine Reihe offener Sportwagen der 50er und 60er Jahre aus Großbritannien. Schon von Kindesbeinen an wurde Bob so vom Roadster-Virus infiziert. Kein Wunder, daß er sogleich eine Antwort auf die Gretchenfrage wußte: »Ein offener Sportwagen, preislich noch unterhalb der ersten RX-7-Generation angesiedelt.« Bob Hall ließ seiner Begeisterung freien Lauf, schlug vor, wie aus Bauteilen des Projekts GLC – Entwicklungs-Code X 508 – sein neuer Traumwagen entstehen könnte; eilte schließlich zu einer Tafel und zeichnete hastig »seinen« Mazda-Roadster. Zwei Jahre später, als Hall in der Forschungsabteilung von Mazda in Nordamerika arbeitete, fragte ihn der sonst so ernste Yamamoto mit einem Lächeln: »Bob, was machen wir denn nun aus Ihrem »billigen« Sportwagen?«

Yamamoto hatte erlebt, daß der Wankelkreiskolbenmotor, der im ersten RX-7 im Frühjahr 1978 auf den Markt gekommen war, wie ein Phoenix aus der Asche der großen Ölkrise wieder aufgestiegen war. Dennoch sah er ganz klar, daß der populäre RX-7 nicht mehr auf der Höhe der Zeit war. So gab er das Startzeichen für die Entwicklung des Nachfolgemodells, Code P 747. Der neue RX-7 würde naturgemäß technisch hochwertiger und damit auch teurer geraten. Vielleicht sollte das Konzept eines anderen, preiswerten Sportwagens also wirklich weiterverfolgt werden...

Während dieser Zeit fragte ein Mitarbeiter der Mazda-Entwicklungs- und Testabteilung Yamamoto, ob er nicht gerne einen Triumph Spitfire Roadster probefahren wolle, den er für die Abteilung auf einer seiner zahlreichen Reisen nach Tokio erstanden hatte. Yama-moto war sehr interessiert und fuhr mit dem Wagen in die Hakone-Berge, wo eine der schönsten Sportwagenstrecken der Welt liegt. »Die Sonnenstrahlen schienen durch das Laubwerk der Bäume, und die frische Luft war erfüllt von den süßen Düften der Gebirgsvegetation« – Yamamoto war bewegt und tief beeindruckt von der Fahrt. Offensichtlich wurde hier der Mazda MX-5-Stein ins Rollen gebracht.

Konstrukteur Yoichi Sato war Mitglied im Team der Planer und Ingenieure, das gebildet wurde, um sich mit der näheren Zukunft zu befassen. Mit der Zeit nach dem erfolgreichen RX-7 und über dessen Nachfolger, den P 747, hinaus, dessen Prototyp schon Mitte des Jahres 1983 entwickelt wurde. Die Gruppe befragte mehrere japanische Motorjournalisten, darunter auch einen der Autoren dieses Buches. Eine zentrale Frage betraf die Marktlücke, die durch die Aufwertung des neuen RX-7 und die Ablösung des alten RX-7 entstünde.

Shunji Tanaka, ein weiterer Chefkonstrukteur, hatte im Rahmen der Entwicklung des P 747 mehrfach Amerika besucht. Auf einer dieser Reisen traf er mit Shigenori Fukuda, dem Manager der Produktplanung und Forschung in Nordamerika, sowie Bob Hall zusammen. Bei einer Autofahrt mit Hall und Fukuda wurde Tanaka gefragt, was für einen Wagen er gerne nach dem laufenden Projekt konstruieren würde. »Einen ›LWS‹, lautete die spontane Antwort (Abkürzung für ›Leichter Sportwagen‹, dieser Begriff wird von den Insidern bei Mazda bis zum heutigen Tag für den Wagen gebraucht). Diese Bemerkung löste eine Art verbale Kernreaktion aus. Der nun folgende Redeschwall des jungen Amerikaners – zuerst in akzeptablem Japanisch, doch mit wachsender Begeisterung auf Englisch mit Überschallgeschwindigkeit – schien nicht versiegen zu wollen, so daß dem aufmerksamen Tanaka bald der Kopf schwirrte.

Als Hall merkte, daß Tanaka ihm nicht mehr so recht folgen konnte, wandte er Fukuda seine ganze Aufmerksamkeit zu. Fukuda meinte später: »Aus diesen fünf Stunden Fahrt wurden drei Jahre Arbeit.« Fukuda sollte das Planungskonzept, das in Kalifornien im Studio erstellt worden war, nach Japan mitnehmen, wo er seinen Dienst an der Spitze der Styling-Abteilung antrat.

Ein kurzer Blick zurück

Mazda Nordamerika MANA (das Kürzel firmiert seit 1988 unter MRA für Mazda Research and Development – Mazda Forschung und Entwicklung) streckte im

Jahre 1982 seine Fühler nach dem Stammhaus in Japan aus und zwar in Form einer Untersuchung der amerikanischen Sportwagenszene seit 1945. Doch die aufschlußreiche Analyse verschwand, aus welchen Gründen auch immer, in den Archiven des Mutterhauses. Sie wurde schlichtweg vergessen. Ein Jammer, denn dieses Schriftstück beleuchtete Hintergründe, führte Daten und interessante Namen auf. Vor allem von Sportwagen, die in den Vereinigten Staaten verkauft worden waren, und von berühmten Autos jener Zeit – darunter fielen der Roachdale Olympis, GSM Delta, Devin GS, Dellow Trial Special, Sovam, Bocar XP-4, Woodhill Wildfire, Krimm-Ghia, DB 750, Wartburg SS. Der Bericht begann so:

Was bedeutet ein Sportwagen für einen Amerikaner? Anders als bei den Engländern oder Franzosen ist das Konzept eines Sportwagens für die meisten Amerikaner etwas relativ Neues. Abgesehen von Ausnahmen wie dem Mercer 35R, dem Stutz Bearcat und dem Kissel Goldbus, waren die Amerikaner bis 1945 mit Sportwagen, wie man sie in Europa kannte, wenig vertraut.

In England florierten auf dem Markt der preisgünstigen Sportwagen seit den frühen 20er Jahren eine ganze Reihe von Firmen, die sich auf Sportwagen spezialisiert hatten. Neben MG, Morgan und Triumph bauten auch BSA, Riley und Wolseley in den 20er und 30er Jahren wundervolle Sportwagen. Besondere Beachtung verdiente dabei Wolseley mit seinem billigen Hornet, einem 1,3-Liter-Roadster mit sechs Zylindern, der es mit den teureren und leistungsfähigeren MGs und Rileys durchaus aufnehmen konnte.

Auch Frankreich erlebte in den 20er Jahren einen Sportwagenboom, als einige bemerkenswerte Modelle auf den Markt kamen. Die bedeutendsten Firmen (im Vergleich zu Peugeot, Renault und Hotchkiss aber eher kleine Unternehmen) waren Georges Irat (1921–1946), Salsmon (1921–1957, wo jedoch nur bis 1931 erschwingliche Sportwagen gebaut wurden), Sandford (1922–1939, baute Morgans in Lizenz), Lambert (1926–1953) und Remi Danvignes (1935–1939). Eine kleine, aber feine Pariser Gesellschaft, die vor Ausbruch des Zweiten Weltkrieges sehr hübsche Zweisitzer produzierte.

Der Zweite Weltkrieg trug wahrscheinlich sehr viel dazu bei, daß es heute in Nordamerika einen Sportwagenmarkt gibt: Die in Europa stationierten GIs lernten die unzähligen kleinen Wagen mit sportlichen Qualitäten kennen, und viele erfaßte das Sportwagenfieber wie eine Grippe. Nicht wenige GIs nahmen MGs mit, als sie in die Vereinigten Staaten zurückkehrten. Die ersten offiziellen Importunternehmen für MG, Triumph, Jaguar und Dellow wurden alle von GIs gegründet, die aus England heimgekehrt waren. Diese Autos sorgten für das Aufkommen der Sportwagen in Nordamerika. Fast ohne Ausnahme handelte es sich um Wagen mit Frontmotor und Hinterradantrieb, Klappverdeck und Fronthaube. Diese Charakteristika sind den meisten Nordamerikanern bis heute in Erinnerung. Vergessen wir nicht, daß die Menschen in den USA und in Kanada dazu neigen, sich fast immer auf ihren ersten Eindruck zu verlassen, der dann auch haften bleibt. Wer auf dem US-Automarkt Erfolg haben will, muß diese Eigenart beachten.

Sportwagen müssen Leistung bringen, noch wichtiger ist jedoch, daß sie viel Fahrspaß bereiten. Ein preiswerter Sportwagen muß nicht extreme Querbeschleunigungen aufbauen können und nicht unbedingt in 8,0 Sekunden von 0 auf 100 km/h zu spurten. Natürlich darf er auch kein temperamentloser Langweiler und optisch nicht reizlos sein – ein klassisches Beispiel also für die Suche nach dem goldenen Mittelweg.

Aussehen (der erste Eindruck entscheidet oft) und Leistung sind also offensichtlich Elemente, die einen Sportwagen ausmachen. Aber das allein genügt noch lange nicht. Auch andere Faktoren spielen eine Rolle, zum Beispiel Image und Ausstrahlung. Ein Blick in die Sportwagengeschichte lehrt, daß alle (nicht »einige« oder »die meisten«, nein, alle) erfolgreichen Sportwagen eine enthusiastische Fan-Gemeinde haben, deren Begeisterung für ihr Modell – heiße es nun MG oder Lotus Elan oder anders – kaum Grenzen kennt. Die meisten dieser Leute würden ihren Wagen nie in einem Rennen oder bei einer Rallye einsetzen, und nie ein anderes Fabrikat kaufen. Image ist für einen erfolgreichen Sportwagen von essentieller Bedeutung. Alle MGs hatten das gewisse Etwas – der Sonnet von Saab hatte es nie. Jede TR-Serie von Triumph besaß es, aber so hart sie auch daran arbeiteten – die Leute bei Sunbeam konnten ein derartiges Image nie für den Alpine aufbauen.

Zumindest in den Vereinigten Staaten und in Kanada gab es auch erfolgreiche Coupés. Beispielsweise den Opel GT, Marcos 1800, Glas 1700 GT, Lancia Montecarlo (in Amerika Scorpion genannt), Simca 1000 und (in späteren Ausführungen) den Saab Sonnet – sie waren alle schön, aber es gab keinen mit Cabrioverdeck unter ihnen. Selbst Targas gelten für die meisten Sportwagenfans nicht als offene Wagen. Das heißt nicht, daß ein leichter Sportwagen ohne Klappverdeck keinen Erfolg haben kann, aber ein Cabriolet war in einer Schar von Coupés und Targas immer die Nummer 1.

Weiterhin muß beachtet werden, daß die Entwicklung eines Sportwagens längst nicht so schnell vonstatten geht wie bei Limousinen oder GTs. Sportwagenbesitzer sind in vielerlei Hinsicht sehr konservativ. Vorderradantrieb oder unabhängige Hinterradaufhängung werden von einigen Sportwagenherstellern und deren Kunden noch immer mit Mißtrauen betrachtet.

Außerdem muß ein jeder Sportwagen in gewisser Hinsicht einzigartig sein, Begeisterung zu wecken verstehen, die Phantasie anregen, schließlich zeugt der Kauf eines Sportwagen von einer gewissen »Verrücktheit«. Das Styling spielt dabei eine Hauptrolle, ist ein wichtiges Kaufargument. Kurz gesagt: Ein Sportwagen muß sexy sein (in den Augen des typischen Autokäufers), Freude am Fahren vermitteln, Leistung bringen und zu einem erschwinglichen Preis zu haben sein.

Das Unternehmen
Die Japaner lieben die englischen Sprache und verwenden sie sehr gerne im Geschäftsleben. Mazda ließ ein Programm anlaufen, das einen kuriosen Namen erhielt: »Offline, Go, Go.« Das war im November 1983. Zum erstenmal seit der an ein Wunder grenzenden Erholung von der Ölkrise beschäftigte sich Mazda ernsthaft mit der Zukunft. »Nicht die ferne, sondern die ganz unmittelbare Zukunft interessiert uns«, erklärt Generaldirektor Michinori Yamaguchi, innerhalb der Gesellschaft mit Produktplanung und Entwicklung betraut. »Die Firma hatte sich damals nach den erheblichen Erschütterungen gut erholt, und wir besaßen eine klare Modellpalette mit den Reihen 323, 626, 929 und kleinen kommerziellen Fahrzeugserien. Diese Modelle laufen nach normalen Produktionsschemata und haben Nachfolgemodelle, die je nach Zeitplan entworfen, gebaut und entwickelt werden. Der RX–7 fand starken Anklang und gesellte sich zu dieser Reihe hinzu.«

Die wiedererlangte Stabilität könnte zu Selbstzufriedenheit führen, fürchtete Yamaguchi. Konstrukteure und Ingenieure könnten an Kreativität verlieren, weil sie sich nur auf das laufende Modellprogramm und dessen Fortentwicklung konzentrierten. Das war die Situation vor der Einrichtung des technischen Forschungszentrums von Mazda, das damals noch im Planungsstadium war. Also stellte Yamaguchi innerhalb seiner technischen Organisation ein kleines Projektteam zusammen, um die »Offline«-Projekte in Angriff zu nehmen.

Es wurden mehrere Ideen vorgetragen, darunter ein Mini-Sportwagen und ein Gelände-Sportwagen. Doch der LWS (Roadster) war bei weitem der attraktivste und beliebteste Vorschlag, er war auch hinsichtlich der Machbarkeit in naher Zukunft der realistischste. Yamaguchi gibt zu, daß das Vorhaben, innerhalb nur eines Jahrzehnts zwei Sportwagen – den neuen RX–7 und den Mazda MX–5 – zu entwickeln und zu vermarkten, für einen Hersteller von der Größe Mazdas als zu ehrgeizig und zu kühn hätte gelten können. Aber es war ja noch ein Offline-Projekt, mit einem bescheidenen Budget innerhalb der technischen Organisation. Und so war von den Geldgebern kein Protest zu hören.

Das Zusammentreffen zwischen Ost und West
Yamaguchi ernannte Chefingenieur Masakatsu Kato zum Projektleiter des LWS-Vorhabens, für das der hausinterne Code P 729 ausgegeben wurde. Dann fiel die Startflagge, in Japan und in den USA gleichermaßen.

Wie andere japanische Autohersteller, die auf dem US-Markt expandieren wollten, hatte Mazda als Teil des MANA-Betriebs eine Abteilung für Produktplanung und Styling eingerichtet. Offiziell trug sie den Namen Product Planning and Research Division-Mazda North America (Abteilung für Produktplanung und Forschung – Mazda Nordamerika); die Styling-Division wurde von Shigenori Fukuda geleitet, dem der talentierte Mark Masao Yagi zur Seite stand. Beide waren damals vom Hauptfirmensitz in Hiroshima MANA zugeteilt worden. Bob Hall hatte zudem General Motors einen begabten jungen Konstrukteur, Mark Jordan, abspenstig gemacht, der im Januar 1983 zu MANA ging, nachdem er vorübergehend bei Opel in Deutschland angeheuert hatte.

Ein Jahr später kam ein weiterer erstklassiger Konstrukteur in den Betrieb nach Irvine, Kalifornien: Tsutomo »Black« Matano (den Spitznamen trägt er, weil er sich mit Vorliebe in Schwarz kleidet). Tom Matano hatte die Welt bereist; in Warren, Michigan, hatte er angefangen. In einem der ersten kleinen Schübe japanischer Konstrukteure, die damals von amerikanischen Firmen engagiert wurden, in seinem Fall von Charles »Chuck« Jordan, der Vater von Mark Jordan und damals Vizepräsident der Designabteilung bei GM. Matano hatte einige Zeit bei GM-Holden in Australien und zuletzt bei BMW in München gearbeitet.

Dem freimütigen Matano gefiel ganz und gar nicht, was er sah, oder besser, was er bei MANA nicht sah: Es gab kein Studio, in dem Tonmodelle in Originalgröße gebaut werden konnten. Das war das wichtigste Versäumnis, und er bereute schon fast, den Job angenommen zu haben. Fukuda hatte allerdings eine gewisse Summe in petto, um ein geeignetes Studio einzurichten, was Matano wieder versöhnlich stimmte. Das erste Tonmodell des P 727 war das erste, das überhaupt bei MANA entstand.

Yoichi Sato, der von Hiroshima in das Tokio-Studio übersiedelte, hatte keinen derartigen »Luxus« zur Verfügung. Sein Studio lag in einer Etage des gemieteten Gebäudes, das die Niederlassung von Mazda beherbergte. Es war weder ein Geschäftszentrum noch gab es eine Umgebung, die einen künstlerisch inspirierte. Der Platz in Tokio ist begrenzt, und die Preise gehen nach Quadratzentimetern, somit mußten sich Sato und sein Kollege und Konstrukteur Hideki Suzuki mit einem Raum zufrieden geben, der im besten Fall 6 mal 2,5 Meter maß, was kaum für das Modell eines kleinen Sportwagens in Originalgröße ausreicht.

Die beiden Studios, entschied Yamaguchi, sollten um Konzeption und Planung des P 729 LWS wetteifern. Zur Wahl standen dabei die Lösungen Mittelmotor/Heckantrieb oder Frontmotor/Hinterradantrieb oder Frontmotor/Frontantrieb.

Im Lauf der Jahre haben die Japaner eine Vorliebe für Abkürzungen mit Buchstaben entwickelt. Subaru hatte die Kurzform »FF« erfunden, die für Frontmotor/Vorderradantrieb (front-engine, front-wheel-drive) stand. »FR« bedeutet demnach Frontmotor/Hinterradantrieb (front-engine, rear-wheel-drive), »RR« Heckmotor und Hinterradantrieb (rear-engine, rear-drive) und schließlich »MR« Mittelmotor/Hinterradantrieb (Midship, rear-wheel-drive).

Das Studio in Tokio entschied sich für FF/MR. Der CRX von Honda hatte immensen Erfolg, vor allem auf dem amerikanischen Markt, und hatte sich den Status eines Sportwagens erworben. Bei seinem Vorschlag

schwebte Sato ein CRX-Killer vor. An dem Layout hatte er nichts auszusetzen; ganz im Gegenteil würde es Vorteile bezüglich der Kosten und des Gewichts aufweisen, da man bereits bestehende Hauptbauteile verwenden könnte. Der Anti-CRX sollte neue Akzente bei den Sportwagen setzen.

Der MR war das As im Ärmel, eng verwandt mit einem Pukka-Rennwagen. Sato wollte damit den kleinsten Mittelmotor-Sportler der Welt auf die Räder stellen. Es zeigte sich jedoch, daß Toyota ein paar Jahre vor Sato und dessen Crew bereits dieselbe Idee gehabt hatte. Als 1983 der MR 2 für die Tokio Motor Show angekündigt wurde, entdeckte Sato, daß der MR 2 den gleichen Achsabstand und dasselbe Gesamtgewicht besaß wie sein Denk-Modell.

Die MANA-Truppe entschied sich ohne zu zögern für FR, und es sollte ein Wagen mit Softtop sein, punktum. Allenfalls ließe man sich zu einem Zugeständnis in Form eines abnehmbaren Hardtops bewegen.

Das erste Mal trafen die rivalisierenden Teams im April 1984 in Hiroshima zusammen. Sato kam, betrachtete die Zeichnungen der beiden Parteien und sah sich schon als Sieger. »Der Roadster von MANA war klein und propper, aber er sah nicht lebendig aus. Ganz nett, aber etwas farblos. Es tat mir leid für Mark Jordan, der seine Zeichnungen zusammenpackte und Hiroshima niedergeschlagen verließ.« Sato verbessert sich: »Vielleicht sah ich ein falsches Bild, oder vielleicht erkannte ich damals den wahren Wert des Vorschlags von MANA nicht. Noch weniger wußte ich, daß MANA vier Monate später derart auftrumpfen würde. Ihr lebensgroßes Modell war überhaupt nicht mit den farblosen Zeichnungen zu vergleichen. Es war einfach gut. So sehr wir uns in Tokio auch bemühten – ich muß zugeben, daß sie uns auf der ganzen Linie geschlagen haben«, räumt der Mann aus Tokio ein.

Um jedoch gegenüber dem ehrgeizigen Tokio-Team fair zu sein, muß man sagen, daß die frühe Ablehnung des MR nicht allein ästhetische Gründe hatte. Layout-Konstrukteur Masaaki Watanabe, der mittlerweile stellvertretender Manager von Product Planning and Development ist und der das Projekt von Anfang an mitbetreute – also von den ersten Versuchen bis hin zu der endgültigen Verwirklichung – verriet später, daß seine Gruppe tatsächlich einen Prototypen mit Mittelmotor unter Verwendung von Bodengruppe und Chassis des Typs 323 gebaut hatte, der eine ausgeklügelte Renn-Radaufhängung besaß, die freilich dem Komfort eher abträglich war. »Der Wagen war phantastisch zu han-

FRÜHES ENTWURFSSTADIUM

1

Das Meisterwerk von Bob Hall

1 Bob Halls meisterliche Skizze, wie er sie ungefähr 1979 dem Leitenden Direktor Kenichi Yamamoto präsentierte. Ein erschwinglicher, offener Sportwagen, der auf Fahrwerk und An-
triebskonzept des 323 basiert.

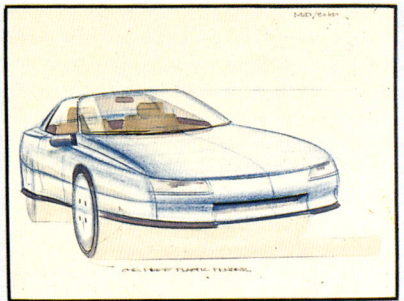

2

MANAs frühe Entwurfsskizzen decken ein weites Spektrum an möglichen Konzepten und Stilarten ab.

2 Studie mit Mittelmotor gegenüber dem Modell Frontmotor/
Hinterradantrieb
3 Eine Skizze in Anlehnung an den Trihawk-Dreiradwagen
4 Der Kit-Car-Ansatz

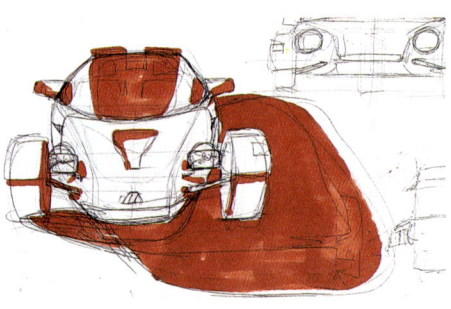
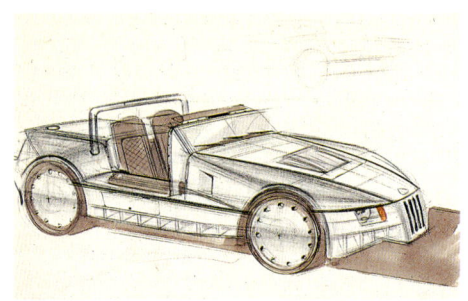

3   4

5

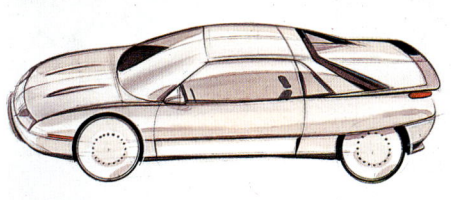

6

7

8

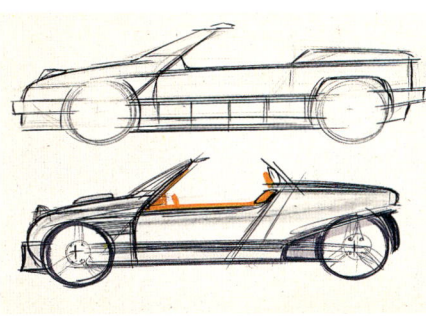

9

10

5+6 Vorschläge mit Mittelmotoren
7   Frühe Konzepte für bausteinartige Korpus-
    teile – Spielarten des MX–04-Showwagens
    von Mazda
8   Design des Off-Road-Kit-Car mit runden
    Frontkotflügeln
9   Vorstellung eines Sportwagens von Shigenori
    Fukuda, Chefstylist bei Mazda, den er in sei-
    nen Tagen bei MANA – ungefähr im Oktober
    1983 – gezeichnet hatte.
10 Früher Entwurf eines Roadsters mit Vorder-
    radantrieb und hoher Haube

11 Coupé mit Vorderradantrieb
12 Variationen über Proportionen; Mittelmotor-
    modelle gegenüber klassischen Hinterradan-
    triebs-Modellen
13 Studien mit langem Radstand und extrem kur-
    zen Überhängen
14 Dieser Entwurf vermittelt ein Gefühl hoher
    Stabilität
15 Wagen mit Hinterradantrieb und niedriger
    Haube
16 Vorschlag mit Vorderradantrieb
17 Offener Wagen mit Hinterradantrieb

11

12

13

14

15

16

17

TREFFEN ZWISCHEN OST UND WEST

Endgültige Skizzen der drei Typen – Vorderradantrieb, Mittelmotor und Frontmotor/Hinterradantrieb – wurden im April 1984 in Hiroshima ausgewählt. »Mark war geknickt, sammelte seine Skizzen ein und verließ Hiroshima«, erinnert sich der Tokioter Konstrukteur Sato, nicht wissend, daß Irvine zu einem Gegenschlag ausholen würde.

1   2

3   4

1+2 Vorschläge des Tokioter Studios für die Mittel-
       motor-Lösung
3+4 Tokios Entwürfe für Vorderradantrieb
5+6 Irvines Roadster mit Hinterradantrieb
7+8 Bilder und Entwürfe im Verlauf des Projektes

5   6

7   8

haben und sehr agil«, erinnert sich Watanabe. Der oberste Leiter des Managements vermochte diese Begeisterung nicht zu teilen, er entschied, die Weiterentwicklung dieses Projektes erst einmal zu stoppen.

Es wäre auch angesichts der zur Verfügung stehenden Zeit für das gerade erst eingerichtete Tokioer Studio ein zu ehrgeiziger Plan gewesen, gleichzeitig zwei verschiedene Typen in Angriff zu nehmen. Auf der anderen Seite besaß MANA in Fukuda und Yagi äußerst fähige und erfahrene Konstrukteure, die das Wesentliche eines Entwurfs zu erfassen mochten, selbst wenn dieser auf dem Papier sehr farblos wirkte. Und sie waren in der Lage, die Skizzen in ein lebensgroßes Modell umzusetzen.

MANA hatte sich mit detaillierten und überzeugenden Unterlagen sowie mit einem Videofilm über die amerikanische Sportwagenszene gut gewappnet. Den P 729 FR rechtfertigen sie wie folgt:

»Erstens: Fragt man einen Amerikaner nach einem derzeit proudzierten Sportwagen, bekommt man eines der folgenden Modelle genannt: Ferrari, Alfa Romeo, Lamborghini, Porsche, Lotus, Corvette. Alles sind teure Autos mit großen Namen und Renntradition. Und sie alle haben entweder FR oder MR...

Ein FF-Layout dient dazu, möglichst viel Platz im Wageninnern zu schaffen. Das aber war noch nie ein Kriterium bei Sportwagen. Wenn der P 729 ein FF wird, hat er keinen Bezug zu irgendwelchen Renn- oder Sportwagen, also kein Sport-Image.«

Nach der Darlegung, daß der CRX einem Zweisitzer des Typs 323 mit drei Türen und starrem Überrollbügel gliche, und nach der Feststellung, daß ein Volkswagen GTI auch nur ein Golf sei, zählte MANA die Vorzüge des FR auf:

»Für Mazda würde die Produktion des P 729 nach FR-Konzept bedeuten, daß man einen erschwinglichen Sportwagen und kein Nutzfahrzeug baue. Der zweite Grund für ein FR-Layout: Ein FF-Wagen läßt sich nicht so gut handhaben wie ein FR-Wagen. Und wenn man mehr als 100 PS in einen kleinen FF-Wagen steckt, gibt es in engen Kurven Vortriebsprobleme. Bei einem Sportwagen eine unerwünschte Erscheinung.

Zweitens: Ein Sportwagen muß Freude am Fahren vermitteln. Das kann ein FF-Wagen zwar im Prinzip auch, aber er wird letztendlich immer untersteuern, was wenig Spaß macht. Nur die FR-Konstruktion verspricht ein ausgewogenes Handling und ein prickelndes Fahrgefühl. Zugegeben, ein FF-Wagen kann ein genauso gutes Kurvenverhalten haben wie ein FR, aber er wird sich nie wie ein FR anfühlen.

Drittens: Das amerikanische Publikum kennt Sportwagen seit mehr als 40 Jahren. Etwa 44 Hersteller haben Sportzweisitzer mit Klappverdeck in den USA verkauft. Der P 729 ist die Antwort auf das Verschwinden dieser Sportwagen. Der Markt besteht, auch wenn MG, Triumph, Austin-Healey usw. keine Sportwagen mehr verkaufen. Da der Markt gegeben ist, müssen wir einen Wagen kreieren, der zu dem Markt paßt...«

Das war ein schlagkräftiges Argument, aber es gab noch einen Punkt, den man der kritischen Zuhörerschaft schmackhaft machen mußte – das Cabrioverdeck. MANA beteuerte immer wieder, daß die Amerikaner, wenn man ihnen zwei grundsätzlich ähnliche Sportwagen vorführe – einen offenen Wagen und ein Coupé – grundsätzlich das offene Modell als Sportwagen akzeptierten. Alle Sportwagen, die die Amerikaner erstmals zu Gesicht bekommen hatten, waren offene Zweisitzer gewesen. Dieses Bild ist in der Vorstellung der Leute fest verankert.

Ein weiteres Argument: Nebensächlich, aber doch fürs Mazda-Image wichtig, ist auch die Tatsache, daß der P 729, wenn er als offener Zweisitzer konstruiert würde, unter den japanischen Wagen einzigartig dasteht. Wenn wir natürlich auf Honda, Toyota und andere schauen, dann ist ein offener Zweisitzer mit Klappverdeck völlig unpassend...

MANA ging auch auf Käufergewohnheiten in Amerika ein. »Ein vielleicht etwas wirklichkeitsfremder Faktor sollte auch beachtet werden: Die Amerikaner wollen sehr häufig etwas, das es einst gab, das aber gegenwärtig nicht mehr zu haben ist. Bei den Automobilen gibt es dafür zahlreiche Beispiele. Nachdem die leistungsfähigen Wagen verschwunden waren, wollten die Amerikaner wieder Leistung. Detroit stellte die Cabrio-Produktion ein – die Amerikaner entwickelten wieder eine Vorliebe dafür. Nun sind seit vier bis fünf Jahren die erschwinglichen offenen Zweisitzer vom großen Markt verschwunden, also kann der Wunsch danach wieder geweckt werden!«

MANA führte auch handfeste Prognosen und Daten an: Die Beschäftigungsrate in den Staaten, die im amerikanischen »Sonnengürtel« liegen, würde von 1979 bis 1990 um fast 28 Prozent steigen, was 67 Prozent des Beschäftigungszuwachses in den 80er Jahren ausmache. Darin könne ein großes Potential für Roadster stecken. Auch die Lyrik kam nicht zu kurz: »Da wir nur etwa siebzig oder achtzig Jahre zu leben haben, ist es unverantwortlich, diese einfache Freude nicht anzubieten, die ein Cabrio dem Menschen bereitet. Wenn das Verdeck heruntergelassen wird, erhält die zweidimensionale Welt eine dritte Dimension, und man entdeckt eine sich immer in Bewegung befindliche Kuppel aus Himmel und Wolken, aus Sonne und Sternen. Man atmet tiefer durch, und man sieht klarer; was normal geworden ist, wird außergewöhnlich: eine Fahrt durch die Häuserschluchten oder entlang einer Landstraße, die sich dann unerwartet in eine Galerie aus Wiesen und Hügeln verwandelt.«

Viele Mitglieder der Mazda-Design-Division in Hiroshima teilten die Meinung von MANA über den traditionellen Sportwagen mit Frontmotor/Hinterradantrieb und Klappdach. Die Entscheidung pro MANA-Modell in FR-Version fand ihren ungeteilten Beifall.

Zurück in die Heimat des traditionellen Sportwagens

Vernunft und Intuition siegten – das offene FR-Modell von MANA gewann den Wettbewerb. In Hiroshima traf sich eine Gruppe begeisterter Konstrukteure und Ingenieure. Sie stellten den Entwurf und die Grundausstattung des Wagens fertig. Es waren der Layout-Ingenieur Watanabe, Takao Kijima, der Aufhängungskonstrukteur, der Layout-Konstrukteur Atsushi Tsushima und der Entwicklungsingenieur Hirotaka Tachibana. Der LWS würde einen vorn in Längsrichtung angeordneten Motor bekommen, der die Hinterräder antreibt. Von diesem Konzept aus dem Jahre 1984 sind sie niemals abgewichen. Noch nicht endgültig geklärt war aber, ob der P 729 tatsächlich als offener Zweisitzer auf den Markt kommen würde.

Projektmanager Kato wollte nicht, daß das Projekt als Konzeptions- und Stilübung endete. Zu dieser Zeit wurde Mazdas separates Forschungs- und Entwicklungsabteilung – das Technische Forschungszentrum – eingerichtet, um die Studien und Forschungen für die Zukunft zu fördern. Das von Kato betreute Projekt P 729 wurde in das neue Zentrum verlegt. Kato nutzte die Möglichkeiten des technischen Zentrums, die es auch erlaubten, das Thema Kunststoffe im Autobau näher zu untersuchen.

Die britische Firma International Automotive Design (IAD) mit Sitz in der Küstenstadt Worthing in Sussex wurde auf der Grundlage des Stylings von MANA mit dem Design und der Konstruktion eines Prototypen beauftragt. IAD ist in Europa die größte unabhängige Firma für Design und Konstruktion von Automobilen. Sie ist als Privatunternehmen im Besitz von John Shute

und seiner Gattin Yvonne. Shute, ein ehemaliger Ingenieur von GM-Vauxhall, hatte einige Jahre in Australien verbracht, wo er eine eigene Konstruktionsfirma betrieb. 1972 kehrte er nach England zurück und gründete ein neues Unternehmen, das zur IAD heranwuchs.

Tom Matano von MANA hatte Shute während seiner Zeit bei GM sowie bei Aufenthalten in Australien kennengelernt, und er empfand große Hochachtung für den Ingenieur-Unternehmer. Kato war klar: IAD hat reiche Erfahrung und das Know-how für Konstruktion und Bau von Prototypen. Großbritannien ist die Heimat der traditionellen, offenen Sportwagen, und es gibt viele Konstrukteure und Handwerkern, die in Konstruktion und Herstellung von Faltverdecken sehr versiert sind. John Shute selbst besitzt eine ganze Sammlung von MGs. Generaldirektor Yamaguchi fügt mit einem Lächeln hinzu: »Und die neue Stärke des Yen half auch, da wir immer noch an einem Budget für das Technische Zentrum arbeiteten.« Das war im November 1984, und das Projekt wurde erst einmal von Januar bis August für acht Monate stillgelegt. Man wartete auf die Fertigstellung des Prototypen von IAD. Er erhielt den Code V 705, was vorsichtig andeutete, daß es sich um einen Versuchswagen handelte.

Das Abenteuer von Santa Barbara

In diesen acht Monaten gab es keine nennenswerten Aktivitäten am P 729-Projekt, weder in Hiroshima noch in Irvine, was die Konstrukteure in Japan und in Amerika sehr bedauerten. Der Erfahrungsschatz einiger wichtiger Mitglieder der Ingenieurgruppe, einschließlich des Projektleiters Kato, des obersten Forschungsingenieurs Ituso Ishida und des Layout-Ingenieurs Masaaki Watanabe, wurde anderweitig gebraucht. Für ein anderes Projekt (ein geistiges Kind von Mark Jordan), auf dessen baldige Produktion die Marktspezialisten in Japan drängten: das 323 Cabrio und den GT-Versuchswagen für die Tokio Motor Show 1985, der aufregende MX–03, der durch einen Dreischeibenwankelmotor angetrieben wurde und Allradantrieb sowie Vierradlenkung besaß.

Im Sommer 1985 beschloß das Unternehmen, die Entwicklung der Konstruktion des P 729 in MANA zusammenzufassen. MANA beschäftigte sich sofort mit der Überarbeitung und der Verfeinerung der Konstruktion. Im selben Monat, im September 1985, wurde der erste Prototyp bei IAD fertiggestellt, und eine von Mazda-MANA zusammengestellte Delegation besuchte das Unternehmen in Worthing.

Der Dienstag, der 17. September 1985, war für Mark Jordan ein denkwürdiger Tag; in einer Notiz für die Direktoren bei MANA berichtete er:

»Wir waren bei der International Automotive Design Company, um den gerade fertiggestellten, fahrfähigen Prototypen des Projekts V 705, an dem MANA mitgewirkt hat, zu besichtigen. Am ersten Tag nahmen wir an einer Besichtigung des Unternehmens teil und sahen den V 705 im Stillstand. Am nächsten Tag war eine Probefahrt auf dem Testgelände des Britischen Verteidigungsministeriums angesetzt, das von IAD eine Autostunde entfernt liegt. Dort führten wir eine Probefahrt mit dem V 705 und drei Wettbewerbsfahrzeugen durch: einem Fiat X1/9, einem Reliant Scimitar und einem Toyota MR2. Wir testeten jedes Fahrzeug auf einer Hochgeschwindigkeitsstrecke, einem Straßenkurs und auf einer Schleuderpiste. Der Mazda-Prototyp war vollkommen funktionstüchtig, bis hin zum Zigarettenanzünder und erschien als Produktionsmodell sehr realistisch. IAD hat hervorragende Arbeit geleistet.«

Der IAD-Prototyp sollte direkt nach Japan verschickt werden, aber der leitende Direktor Masataka Matsui, neuer Leiter des Technischen Forschungszentrums, zu dem der Wagen immer noch gehörte, erhob Einspruch: »Ein Auto hat nur in seiner natürlichen Umgebung, auf öffentlichen Straßen, seinen wahren Wert: Der P 729 war so konzipiert, daß Amerika sein Zielmarkt sein sollte, sein Styling wurde in Amerika entworfen und ausgeführt. Der Prototyp sollte zumindest einen Tag lang auf Amerikas Straßen bewegt werden.«

So wurde die Reiseroute des Wagens eilends geändert, und es ging in Richtung Westküste der USA. Matsui selbst flog nach Los Angeles, um an der Exkursion teilzunehmen, die in die ruhige Küstenstadt von Santa Barbara in Kalifornien führen sollte. Nunmehr war es Mitte Oktober 1985.

Norman Garrett III, Layout-Ingenieur für P 729 bei MANA, erzählt: »Wir nahmen ein CRX-Cabrio von Straman mit, einen RX–7 GSL-SE (erste Generation) und den Triumph Spitfire von MANA. Als wir unseren Wagen ausluden, strömten die Leute herbei, um zu sehen, was es mit dem LWS auf sich hatte. Ich war der ›Betreuer‹ des Prototypen und machte mir Sorgen wegen eventueller (Spionage-)Fotos. Ich startete den Wagen, und ein Typ versuchte, ein gutes Bild von ihm zu schießen. Ich hielt auf ihn zu und jagte ihn so in die Büsche, während ich den Parkplatz verließ.«

Garrett war nicht der einzige, der Kameras argwöhnisch beäugte. Bob Hall erspähte Mitglieder einer nationalen Fan-Zeitschrift, die in einem Straßencafé saßen. Als sie den LWS entdeckten, warnte Hall: »Wenn ihr ein einziges Foto veröffentlicht, würde dies das Ende für dieses denkwürdige Projekt bedeuten, das eines Tages euer Titelbild zieren könnte.«

Garrett erzählt weiter: »Ähnliche Szenen wiederholten sich noch oft an diesem Tag. Die Leute verfolgten uns auf der Straße und wollten wissen, wer den Wagen gebaut habe… Alles in allem war das eine aufregende Sache. Wir konnten Direktor Matsuis Wunsch eines öffentlichen Auftritts erfüllen und eine nette Fahrt mit offenem Verdeck im ersten LWS genießen.«

Matsui hatte in der Tat großen Spaß an der Sache und war, was die »Enthüllung« des Wagens betraf, nicht so ängstlich. Seit jenem Tag besteht er darauf, daß alle zukünftigen Produkte einer kleinen, jedoch zufälligen Gruppe Publikum gezeigt werden. Seiner Meinung nach sollte Schluß sein mit den vorbereiteten Veranstaltungen. »Sollen die Marketingleute doch fluchen. Wenn die Leute auf einen Prototyp in seiner natürlichen Umgebung ansprechen, dann ist das genau das Auto, das wir bauen sollten.«

Danach unternahm Matsui ein ähnliches Experiment mit einem Showauto, das von einer berühmten europäischen Karosseriebaufirma gebaut worden war und das er aus zweiter Hand erstanden hatte. (»Der verlangte einen horrenden Preis dafür, daß der Wagen ausschließlich unser Eigentum sein sollte. Also sagte ich ihm: ›Dann gehen Sie doch und holen sich Ihren Ruhm in Turin bei der Autoshow, danach ist er vielleicht erschwinglich.‹«) Die schnittige, aerodynamische Limousine mit einem Luftwiderstandsbeiwert von etwas über 0,2 kam in den USA wieder auf die Straße.

Kaum jemand beachtete den Wagen. Die Truppe von Mazda fuhr ihn zu einer Tankstelle und wagte sogar, direkt vor einem Straßencafé zu parken. Matsui kochte im Wageninnern, da der Wagen ein festes Glasdach und weitgehend feststehende Scheiben hatte. Der Motor kochte ebenfalls, weil er durch die sehr kleine Lüftung zu wenig Luft bekam. Ein Passant kam besorgt auf den Wagen zu und fragte rundheraus: »Ich bin Mechaniker, kann ich Ihnen irgendwie helfen?« Das war der Tropfen, der das Faß zum Überlaufen brachte. »Ein neuartiger Versuchswagen, der kaum von irgend jemand beachtet wurde. Ich hoffte, die aerodynamische Form des Wagens würde unsere zukünftigen Limousinenprojekte beeinflußen. Unsere Investition wurde auf Eis gelegt«, gesteht Matsui.

Diese Erfahrung untermauerte nur noch die Ent-

MANA kehrte im September 1984 mit einem attraktiven offenen Modell mit vollständig abnehmbaren Hardtop nach Hiroshima in den Besichtigungsraum zurück. »Ich fühlte mich wie vom Blitz getroffen«, gab Sato aus Tokio zu, der mit seinem Entwurf eine Niederlage erlitt. Das Studio in Amerika sollte daraufhin grünes Licht für die Fortsetzung des Projektes erhalten.

1–5 Das Modell des offenen Hinterradantriebs-Wagens von MANA in Originalgröße

6+7 Das zu dem MANA-Modell gehörige, abnehmbare Hardtop

8–12 Tokios Vorschlag: Coupé mit Vorderradantrieb

1

8

2

9

6

3

10

7

4

11

5

12

13

14

15

16

17

18

19

13–17 Das Coupé mit Mittelmotor von Tokio
18   Drei Wettbewerber in der Arena in Hiroshima
19   MANAs Modell wird kritisch begutachtet

IAD BRINGT DEN PROTOTYPEN V 705

Im Spätjahr 1984 beauftragte das Technische Forschungszentrum von Mazda, das immer noch das LWS-Projekt betreute, die britische Firma International Automotive Design in Worthing (England) mit dem Bau eines Prototypen. Im September 1985 war der Wagen fertig. Ein Team von MANA, Mazda-Ingenieure und Mark Jordan besuchten IAD und führten eine Probefahrt mit dem Prototypen mit der Bezeichnung V 705 durch – wobei das V für Versuchswagen steht.

1 Der Vorsitzende von IAD, John Shute (rechts im Hintergrund) zusammen mit B. Livingstone, Projektingenieur und Takashi Abe, damaliger Leiter der Abteilung für Karosserie-Design bei Mazda, die potentielle Wettbewerber in Augenschein nehmen.

2 V 705 mit ausgestellten Scheinwerfern und zwei Wölbungen auf der Motorhaube

3 Modelle aus Holz, mit deren Hilfe die FRP-Karosserieteile geformt werden

4 Die Motorhaube aus einem Stück öffnet sich von vorne und bietet guten Zugang zum Motor, einem 1,4-Liter-SOHC-Vierzylinder-Motor im Stil des 323. Die Aufhängungselemente sind von einem RX–7 der ersten Generation und einem alten 929 »geborgt«.

5 E. Peppal und B. Livingstone von IAD demonstrieren die Funktion des faltbaren Stoffverdecks.

6 Das Top ist ordentlich unter einer festen Abdeckung untergebracht, die noch oben gezogen wird. IAD-Chef John Shute sieht zu.

1

2

3

4

5

6

7

7 Im Innern funktioniert alles – auch der Zigarettenanzünder.
8 Der Leiter des Technischen Forschungszentrums von Mazda, Ituso Ishida, lädt John Shute zu einer kurzen Fahrt ein.
9 Der V 705 in Betrieb. Das überwältigende Gefühl einer ersten Fahrt im offenen Mazda MX−5.

8

9

DAS ABENTEUER VON SANTA BARBARA

Der Prototyp V 705, der bei IAD gebaut wurde, machte bei seiner Rückkehr nach Japan einen Umweg über Kalifornien. Dies geschah auf Drängen des leitenden Direktors Masataka Matsui, der gespannt war, wie die Amerikaner auf den Wagen in seiner natürlichen Umgebung – also auf der Straße – reagieren würden. So unternahm das Team von MANA im Oktober 1985 eine eintägige Exkursion nach Santa Barbara in Kalifornien.

1

2

1   Der V 705 in Santa Barbara
2   Viele Passanten blieben stehen und staunten; die Fahrer verscheuchten unerwünschte Fotografen.
3+4 Der V 705 in Fahrt, am Steuer Layout-Ingenieur Norman Garrett.

3

4

5

6

7

8

5 Zusammen mit einem Spitfire unter Bäumen
6 Kato, Matsui und Fukuda (von links nach rechts) vergleichen den IAD-Wagen mit einem Spitfire und – im Hintergrund – einem alten RX–7.
7 Der V 705 im huckepack wartet auf die Abfahrt von Santa Barbara.
8 Die Stadt Santa Barbara, wo der V 705 erprobt wurde.
9 Der leitende Direktor Matsui macht sich für die Fahrt nach Santa Barbara bereit.

9

10

11

12

13

10–12 Das Abenteuer von Santa Barbara, Bilder aus Stadt und Land.
13   Die Feier nach der Exkursion. Das Team von MANA hat in Matsui
      (zweiter von links) einen einflußreichen Befürworter des Projekts.
      Styling-Chef Fukuda hebt gerade sein Glas, um einen Toast auszu-
      bringen.

MX–04 VERSUCHSMODUL-WAGEN

Kato, Chefingenieur des Projektes, kam zu dem Schluß, daß sich der hintere Stützrahmen und die Karosseriekonstruktion aus Kunststoff negativ auf Kosten und Gewicht auswirken würden. Trotzdem wurde dieses Prinzip auf seinen MX–04 Versuchsmodul-Wagen von 1987 angewandt.

1

2

3

4

1+2 Zwei der Ausführungen des MX–04
3   Der MX–04 besaß eine Stützrahmenchassis und eine
     vollständig unabhängige Aufhängung durch »doppelte
     Querlenker«, außerdem einen elektronisch gesteuerten
     Vierradantrieb.
4   Ein weiterer Punkt, den Kato bei dem P 729-MX–04
     aufgegeben hatte, wurde in dem Versuchswagen des
     MX–04 verwendet: ein ganz besonderer, vollständig aus
     Leichtmetall gefertigter Kreiskolbenmotor.

scheidung für den LWS-V 705. Matsui war derart von dessen Marktchancen überzeugt, daß er dem Vorstand erklärte, fortan sollten die Entwicklungsarbeiten am Styling erst einmal eingefroren werden und alle Mühen und Mittel darauf verwendet werden, den Wagen so früh wie möglich in Produktion gehen zu lassen.

Projektleiter Kato war weniger abenteuerlustig, pragmatischer. Der hintere Stützrahmen und die Karosserie aus Kunststoff, die bei dem IAD-Prototypen nach Lotus-Elan-Art verwendet worden waren, stellten nicht unbedingt die optimale Kombination in Bezug auf Gewicht und Kosten dar. Vor allem der letzte Punkt war kritisch, wenn man eine Produktion von 5000 Stück oder mehr pro Monat ins Auge faßte. Dennoch übernahm Kato das Stützrahmenchassis und die Modulkarosserie für seinen Versuchswagen, den MX–04 »Modul«-Sportwagen, der 1987 auf der Tokio Motor Show als Höhepunkt dieses Experiments gezeigt wurde. Kato ist der Meinung, daß Kunststoffkarosserien für kleinere Wagen geeignet sind; zum Beispiel für die sehr kleinen Stadtautos, die eine geschlossene Schalenkarosseriebauweise haben werden.

Was die Mechanik angeht, so mußte der IAD-Prototyp bei Getriebe und Fahrwerk mit bestehenden Mazda-Komponenten auskommen. Zu diesem Zweck wurden drei »gebrauchte« Mazdas zu IAD geschickt und ausgeschlachtet, um die erforderlichen Komponenten zu liefern. Die Frontaufhängung stammte von der ersten Generation des RX–7, die Schräglenker vom alten 929 und das Getriebe vom GLC mit Hinterradantrieb. Das war die Notbehelfsausstattung, mit der der Wagen laufen konnte. Das Design des Chassis blieb IAD überlassen, es wurde ein Stützrahmen vom Typ des Lotus Elan gebaut, auf den eine Kunststoffkarosserie montiert wurde.

Übrigens war auch der ursprüngliche Vorschlag des Layout-Ingenieurs Norman Garrett bescheiden, wenn man ihn mit den Entwürfen für den FF und den MR von Tokio verglich; er wollte Getriebe- und Chassis-Komponenten bestehender Mazda-Modelle verwenden.

V 705 erhält Produktstatus

Im Dezember 1985 stellte MANA das zweite originalgroße Modell fertig. Einen Monat später begann man mit ernsthaften Studien über die produktionstechnische Machbarkeit des Wagens. Der Plan wurde noch im selben Monat den leitenden Direktoren bei Mazda vorgelegt, und Präsident Kenichi Yamamoto sicherte dem Projekt seine volle Unterstützung zu. Nun kam der Entwicklungsapparat des Unternehmens auf Touren.

Zu jener Zeit kam es zu denkwürdigen Ereignissen. Kato, bis dahin Projektleiter des P 729, entschied sich, im technischen Forschungszentrum zu bleiben, um weiter an seinen Zukunftsprojekten zu arbeiten. Der P 729 sollte in den Bereich Produktdesign und Entwicklung verlegt werden. Somit war es dringend notwendig, für Kato einen Nachfolger zu finden. Nach einer einmonatigen Beratung – was sehr ungewöhnlich war – ernannte der Leitende Direktor Yamaguchi im Februar 1986 dazu den damaligen amtierenden Leiter für das Grundprojekt 323, Toshihiko Hirai.

Hirai hatte einiges von der Entwicklung des P 729 gehört und gesehen. Er war begeistert und bewarb sich bei Yamaguchi um diesen Posten. Kato befürwortete dies; keiner in der Engineering-Hierarchie der Gesellschaft schien besser geeignet als Hirai, dessen technische und organisatorischen Fähigkeiten allgemein anerkannt und erwiesen waren. Aus dem Entwicklungsstab der Kato-Ära stießen die Planer Kazuyuki Mitate und Hideaki Tanaka zu seinem neuen Team für Design und Entwicklung.

Um das Projekt voranzutreiben, schloß man mit IAD einen Vertrag über Design und Entwicklung des M-Wagens, wie der mechanische Prototyp genannt wurde. Das englische Unternehmen erhielt ebenfalls den Auftrag, eine Reihe von M-1 (mechanischer Prototyp 1) zu bauen, dessen Styling auf dem zweiten Entwurf von MANA beruhte. Diese Autos besaßen noch nicht den PPF (Triebwerksrahmen).

Mitte März 1986 hatte MANA mit der Arbeit am dritten lebensgroßen Tonmodell begonnen, das auf dem gemeinsamen Design von Tom Matano und Koichi Hayashi basierte. Mitgearbeitet hatten daran Mark Jordan und Wu-Huang Chin, letzterer ein außergewöhnlich talentierter Mann, den man von GM-Opel rekrutiert hatte und dessen Idee von einer ovalen, organischen Form zu einem Schlüsselthema des P 729 wurde.

Zurück in Hiroshima vervollständigten Watanabe und seine Gruppe aus Designer-Ingenieuren die erste Sammlung der Planzeichnungen mit letzten Details, die im Herbst 1986 fertiggestellt wurden.

Nun lief das Projekt des P 729 LWS auf Hochtouren.

Hiroshimas kritische Punkte

Träume sind nicht immer Schäume, zumindest nicht im Automobilbereich. Als Bestandteil der »Offline, Go, Go«-Philosophie sollte der LWS nicht nur ein Styling-Wettbewerbsobjekt sein, sondern eine ernsthafte Ingenieuraufgabe. Anfangs beschäftigte sich mit jedem Entwurf ein Ingenieurteam, das zusammen mit den Designern arbeitete und im Dezember 1983 zwei Wochen lang die imaginären Komponenten an die jeweiligen Modelle anpaßte.

Als erst dann die Basiskonfiguration für die Lösung Frontmotor/Hinterradantrieb ausgesucht war, begannen ein Layout-Spezialist und seine Truppe mit der Planung der Abmessungen, der Bauteiltypen und -Größen sowie mit deren Anbringung am Wagen. Produktprogrammleiter Hirai lobt die profunde Kenntnis, das Geschick und die sorgfältige Arbeit von Watanabe bei der Ausarbeitung der wesentlichen Teile.

Shinzu Kubo, die rechte Hand von Hirai, der schon früher während seiner Zeit bei MANA die Anfänge des Projekts und die schrittweise Entwicklung miterlebt hatte, betont: »Sicher, es gibt wundervolle Ideen und großartige Konzepte in der ganzen Automobilwelt. Träumer und Planer legen anderswo ihre geistigen Ergüsse vor und zwingen oft ihre ›untergebenen‹ Ingenieure dazu, die Mechanik darin einzuzwängen, und sie achten wenig auf funktionelle Harmonie und Produktion, was doch eigentlich die Schlüsselelemente für Leistung und Qualität sein sollte.«

Kubo weiter: »Hier war das anders. Die Schlüssigkeit des Layouts wird ausgewertet, und die Layout-Ingenieure sind keine Untergebenen, sondern gleichberechtigte Partner, die nicht ohne weiteres zu Kompromissen bereit sind. Das macht die Einzigartigkeit und den Produktwert unseres Autos aus.«

Watanabe formuliert es so: »Es ist die größte Herausforderung, und es macht den meisten Spaß, wenn man erste Versuche unternimmt, das Konzept in Realität umzuwandeln. Was ist denn das Wichtigste, um es richtig zu machen? Engagement und Begeisterung für die Sache. So sieht ›mein‹ Ansatz aus.«

Das Stützrahmen-Chassis des IAD-Prototyps war eine Notlösung, um den Wagen fahrfähig zu machen. Eine integrale, geschweißte Karosserieschale aus Stahl war eine frühere Lösung – für den Fall einer Produktion in großen Stückzahlen. Was die Karosserieteile aus Kunststoff angeht, so führt Watanabe die Schwierigkeiten beim Erzielen der gewünschten Endbearbeitungsqualität der Oberfläche als Stolperstein an, den schon die Qualitätsnorm von Mazda in den Weg legt. Die Vorgabe eines abnehmbaren Hardtops war laut Watanabe auch nicht leicht zu verwirklichen. Anfangs sahen Kunststoffoberflächen aus wie genarbtes Leder. Schrittweise

Verbesserungen der Formtechniken haben aber mittlerweile Oberflächenqualitäten hervorgebracht, die mit denen der übrigen Teile des Wagens übereinstimmen.

Alle Festteile und Abmessungen des Wagens wurden von der Ingenieurgruppe in Hiroshima festgelegt. Ein weiterer kritischer Punkt war der Achsabstand, bei dem eine ganze Reihe wichtiger Faktoren in Betracht gezogen werden mußten: Aufprallsicherheit, Bequemlichkeit, Lage und Volumen des Treibstofftanks und andere. Über die zwei Veränderungen am Achsabstand während der Entwicklung des Wagens erzählt Watanabe: »Er wurde aus funktionstechnischen Gründen um 25 mm verlängert, während das Tonmodell immer noch bei MANA stand. Das endgültige MANA-Modell kam nach Hiroshima, wo es auf Drängen unserer Designer um 13 mm verkürzt wurde, was dazu führte, daß die Batterie aus ihrer Lage vor dem Hinterrad in den Kofferraum verlegt werden mußte. Schließlich erhielten wir den Radstand, mit dem wir schon ursprünglich begonnen hatten...«

Die Lage des Motors nach dem Plan von 1984 wurde nie verändert, er war immer »vorne in der Mitte längs angeordnet«. Tatsächlich war eines der Ingenieur-Fahrzeuge ein RX–7 der ersten Generation, in das der Vierzylinder-Motor zu Testzwecken eingepaßt wurde.

Dynamik ist es, was einen Sportwagen ausmacht, beteuert Programmleiter Hirai, der nur eines wollte: ein speziell für ›seinen‹ neuen Sportwagen entworfenes, konstruiertes und entwickeltes Chassis. Es wäre weniger zeitraubend und kostengünstiger gewesen, wenn er sich bereit erklärt hätte, Komponenten bestehender Modelle zu verwenden. Auf diese Weise war schon mancher erschwingliche Sportwagen entstanden. Nicht so der Wagen von Hirai. Sein Sportwagen sollte auch für die 90er Jahre technisch up to date sein. Um Hirais Wunsch zu entsprechen, entschieden Watanabe und seine Planer, keine Bauteile bestehender oder geplanter Modelle der Produktlinien »auszuborgen«. Eine kostspielige Lösung, die sich aber durch ein Optimum an Straßenlage, Komfort und Handling auszahlen sollte.

Die Aufhängung mit doppelten Dreiecksquerlenkern brachte auch einen Bonus in Form einer größeren Spurbreite. Ähnlich wurde die voll integrierte Karosserieschale aus Stahl von der Bodenschale aus konstruiert und entwickelt, wobei Mazda alle verfügbaren Technologien des Computerdesigns und der -Analyse einsetzte. Eine außergewöhnlich steife Karosserie war das Resultat.

Warum kein Kreiskolbenmotor?

Als weltweit einziger Automobilhersteller produziert Mazda den Kreiskolbenmotor. Und baut ihn auch in einen erfolgreichen Sportwagen ein. Die Frage, die sich nun bei der Konzeption eines zweiten Sportwagens unausweichlich aufdrängt – selbst wenn man seine Positionierung in der unteren Produktklasse des Unternehmens betrachtet – lautet demnach: »Warum kein Kreiskolbenmotor?«

Der oberste Generaldirektor, Takashi Kuroda, der »Generalissimo« des Ingenieurwesens und frühere Erbe der ursprünglichen Forschungsabteilung RE von Kenichi Yamamoto, war von Anfang an ein Befürworter des P 729-Projekts. Dennoch war er einer der ersten, die der Verwendung eines Kreiskolbenmotors in diesem kleinen Sportwagen heftig widersprachen. Kuroda, die oberste Autorität in diesem Bereich, meinte, der von Mazda weiterentwickelte Kreiskolbenmotor müsse für Hochleistungssportwagen und Sondermodelle reserviert bleiben, um dem Image dieses Motortyps nicht zu schaden.

Der frühere Projektmanager des P 729, Kato, sah die Sache nüchterner: Wenn er einen Doppel-Kreiskolbenmotor des Typs 13B in eine leichte Schale einbaue, könne der Wagen übermotorisiert sein. Am Chassis müßten dann zahlreiche Änderungen vorgenommen werden, was sich nachteilig auf Kosten und Gewicht auswirke. Vielleicht könne sein MX–04-Showwagen, der von einem RE10X-Versuchsmotor mit geringem Kammervolumen angetrieben wurde, die Lösung bringen. Das war ein ganz besonderer, kunstvoller Motor, der für die Serienproduktion nicht in Frage kam.

Philosophische Polarisierung

Der Westen hatte beim ersten Styling-Wettbewerb gegen den Osten gesiegt, nun war es an der Zeit, mit vereinten Kräften vorzugehen. Ab dem Frühjahr 1986 überquerten Manager, Planer, Designer und Ingenieure regelmäßig Pazifik und Atlantik, den Pol und Sibirien, verglichen ihre Notizen und Entwürfe und tauschten Meinungen aus. Ein Modell internationaler Zusammenarbeit? Sicher, aber nicht ohne Haken und Ösen. So waren die Puristen bei MANA während des Fortschreitens des Projektes entsetzt, besonders über die Ausweitung der Gesamtgröße und die versenkbaren Frontscheinwerfer. Die aufgebrachten Amerikaner trugen dem Vizepräsidenten von MANA, Akio Uchiyama, dem Vater der beiden RX–7-Generationen, ihre Sorgen vor.

MANA stellte sein drittes und endgültiges Modell in Originalgröße im Sommer 1986 fertig und schickte es mit äußerst gemischten Gefühlen nach Japan. Sie hatten Angst davor, was dort mit ihm passieren könnte und waren der Meinung, daß sie schon gewisse Kompromisse eingegangen waren, die ihnen von den mechanischen Bauteilen des Wagens und deren Anordnung diktiert worden waren. Man war bestrebt, die Entwicklung voranzutreiben und den Wagen ohne Überschreiten des Zeitplans und ohne Bruch in der Konzeption in die Produktion gehen zu lassen.

Das eigentliche Problem bestand zwischen den beiden Styling-Teams, da jedes einzelne Konstruktionsdetail vorgelegt und bestätigt und alle Zweifel und Fragen mit allen verfügbaren Kommunikationsmitteln geklärt werden mußten.

Das MANA-Modell wurde auf seiner Heimreise von Shigenori Fukuda und Shinzu Kubo begleitet. Fukuda wurde bei seiner Rückkehr nach Japan zum obersten Leiter der Design-Abteilung ernannt, Kubo schnell zum Assistenten des Produktprogramm-Managers P 729, zum Helfer des Programmleiters Hirai, und er sollte nun die unzähligen Einzelheiten der Koordination zwischen den Abteilungen in Angriff nehmen.

Der Chefdesigner Shunji Tanaka bekam das MANA-Modell zur Verfügung gestellt und sollte sich mit dessen Designentwicklung bis zum endgültigen Produktionsstadium befassen. Tanaka, »der Herr der Nächte von Hiroshima«, war ein Mann mit solidem, traditionellem japanischen Familienhintergrund, der in seiner Freizeit Noh-Masken anfertigte (für das klassische japanische Spiel, bei dem die Akteure lackierte Holzmasken tragen). Seine außergewöhnlich künstlerische Ader zeigte sich deutlich in einem kleinen Wettbewerb im Design-Studio von Hiroshima. Der Mazda MX–5 trägt den Beinamen Miata, und Tanaka wollte ein Emblem in Schönschrift. Die Wettstreiter waren ein bekannter Kalligraph und Tanaka selbst; die kritische Jury wählte einstimmig den Emblem-Vorschlag des Amateurs Tanaka für die Heckaufschrift.

Tanaka erhielt das MANA-Modell, er sah eine grundlegend außergewöhnliche Form, die der Philosophie des P 729-Projektes alle Ehre machte. Doch die Form hatte einige überflüssige Fettpolster. »Wir bekamen ein Modell, das einem fetten Schwein ähnelte«, erzählt Tanaka. »Muskulös, nicht fett«, kontert Tom Matano. Tanaka erkannte jedoch die Raffinesse des Jordan-Entwurfs sowie Matanos klaren Begriff von Oberfläche, Linien und Proportionen. Welche Stilrichtung war die

DAS ZWEITE MODELL VON MANA

Nach einer Zeit der Untätigkeit im ersten Halbjahr 1985 begann das Design-Team von MANA mit der Arbeit am zweiten Modell in Originalgröße, das Anfang Dezember fertig war.

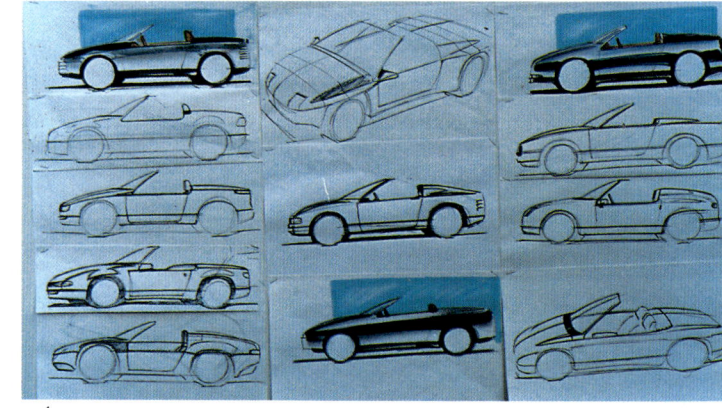

1

1+2 Weitere Arbeiten auf dem Papier
3   Design der zweiten Generation mit mehr Persönlichkeit
4   Ein ausgefeilterer Ansatz. Man beachte die einfache, jedoch raffinierte Karosserieoberfläche. Die Haube ist noch hinten verschoben, damit klassische Proportionen erzielt werden.
5   Eine Zeichnung in Gesamtgröße mit Frontscheinwerfern in der Art des VW Käfers.
6   Variationszeichnung des Modells der zweiten Generation
7   Spitfire im Vergleich zum MANA mit Käfer-Scheinwerfern
8   Das Modell nimmt Gestalt an

2

3

4

5

6

7

8

9

10

11

12

13

14

15

16

17

18

19

20

9 Fukuda (im Anzug) und der Chefdesigner von MANA, Tom Matano (mit Pfeife), überprüfen die Fortschritte.
10 Mark II ist schnittiger
11 Zusammen mit dem IAD-Prototyp im Oktober 1985
12 Die Ausführung der Frontpartie unterstreicht das niedrige und breite Aussehen
13 Noch ein Face-Lifting, nun mit Lufteinlaßanordnung am Boden.
14 Keine Veränderungen mehr – proklamieren die Modellbauer.
15 Ende November 1985, fertig zum Lackieren
16 Das Modell Mark II, immer noch mit herumgezogener Motorhaube
17-20 Nett und proper, doch wo bleibt das kühne P 729-Feeling?

DAS DRITTE MODELL VON MANA – ES KOMMT ZUM PRODUKTDESIGN

Das Jahr 1986 war geprägt von der ernsthaften Arbeit des Unternehmens am P 729, der das zukünftige Produktionsmodell von Mazda sein sollte. MANA verfeinerte das Design der zweiten Generation, dann das der dritten bis hin zum endgültigen Vorschlag.

1 Das Design erhält langsam einen ovalen Touch. Starke Betonung der Frontpartie.
2 Breite Spur, geringe Haubenhöhe, ovale »Atem-«Öffnung
3 Matanos Studienskizze der Machbarkeit zeigt klar die Richtung auf
4 Ein für den Wageninnenraum gewagter Vorschlag Jordans von MANA; zu modern für einen Sportwagen.
5 Thema »Organische Form« von Designer Chin
6 Die eingelassenen Frontscheinwerfer in ausgefahrener Stellung und die gespaltene Lüftungsöffnung
7+8 Endgültige Designskizzen

9 Mai 1986: Ingenieurtreffen bei MANA anläßlich der Durchführbarkeitsuntersuchung. Von links, sitzend: Yoshiteru Yoshimura, Ingenieur für Innenraum und Klimaanlage, Kato vom Technischen Zentrum und zeitweiser Projektleiter, Produktprogramm-Manager Hirai, der damalige oberste Manager der Designabteilung, Matasaburo Maeda, Mark Jordan und W. H. Chin. Stehend, von links: MANA-Vizepräsident Akio Uchiyama, stellvertretender Manager der Design-Abteilung Akira Uchida, MANA-Vizepräsident Fukuda und MANA-Layout-Ingenieur Norman Garrett III.

1

2

3

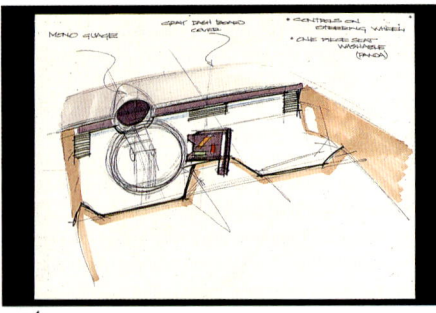

4

5

6

7

8

9

10

11

12

13

14

10 Das Modell der dritten Generation: Zusätzliche Lampen beleben die fade Front des Mark II und geben dem Ganzen mehr Charakter.

11 Die doppelte Wölbungen sind weg

12 Heckansicht

13 Immer noch eine feste Abdeckung für das Falttop

14 Die Rückansicht erhält mit den gekrönten Kofferraumdeck und dem integrierten Mini-Spoiler mit weit oben montierten Bremsleuchten leichte Konturen.

15 Glückliche Mienen der Hauptakteure. Von links: Chin, Garrett, Hayashi und Hall

16 Objet d'art; Teile von Nase und Heck zieren die Eingangshalle von Mazda Research and Developement of North America seit dem 1. August 1988, mehr als ein halbes Jahr vor dem offiziellen Debut des Wagens!

17 Esprit de corps; Der Design-Chef bei Mazda, Shigenori Fukuda, stiftete seine Portraits von der Belegschaft der früheren PP&R-Abteilung, die er bei MANA geleitet hatte. Die Form einer Möwe, die den Hintergrund bildet, symbolisiert die geistigen Höhenflüge.

15

16

17

richtige? »Fett oder muskulös? Das kommt auf den kulturellen Hintergrund an. Vielleicht gibt es eine Polarisierung in der Philosophie«, kommentiert Mark Jordan.

Die Muromachi-Dynamik

Zunächst einmal vollendete Tanaka, wozu das MANA-Team sehr lange Zeit gebraucht hätte. Er bestand darauf, daß der Radstand um 13 mm verkürzt wurde, damit der Wagen wieder sein elfenhaft leichtes Aussehen erhielt. Dies erforderte wieder den Umbau einiger Komponenten. »Das macht alles zunichte, was wir getan haben, das ganze Grundlayout«, wütete Produktprogrammleiter Hirai. Tanaka bestand jedoch auf seinen Forderungen hinsichtlich der Ästhetik. Der erboste Hirai stürmte das Büro von Designchef Fukuda: »Schaffen Sie mir diesen Mexikaner (Tanaka sieht sehr lateinamerikanisch aus) vom Hals!«

Aber Tanaka gab nicht nach, und schließlich lenkte Hirai ein. Die Batterie wurde aus ihrer Position vor dem Hinterrad in den Kofferraum verlegt. Tanaka rasierte auch 35 mm von der Spitze der Motorhaube ab – das hätte den Jungs von MANA gefallen!

Fukuda würde es als die »Muromachi-Dynamik« bezeichnen, in Anlehnung an eine Renaissance-ähnliche Bewegung im Japan des 14. Jahrhundert, als Kultureinflüsse aus verschiedenen Ländern – darunter auch aus Europa – ungehindert nach Japan gebracht wurden und sich fest in der japanischen Kultur verankerten. »Dieses Projekt war vielleicht aus solchen Kulturströmungen zusammengesetzt. Nun war es unsere Aufgabe, ihm unseren Stempel aufzudrücken, um beim Automobildesign neue Akzente zu setzen.«

Fukuda machte sich an das kostspielige Unterfangen, die Beleuchtung des LWS-Studios neu zu arrangieren, die bis dahin in einem Winkel von 45° zu den Modellflächen stand (um mehr Modellflächen zu erfassen). Die Anzahl wurde reduziert, das Licht genau auf die Modelle eingestellt.

Tanaka lobt seinen Modellbauer, Shigeru Kajiyama, dessen feines Gespür und geschickte Hände Linien und Oberflächen schufen, die das Licht in allen drei Fällen, die Tanaka vorgegeben hatte, reflektierten und absorbierten: Dou (Bewegung), Sei (Stillstand) und Jaku (ungefähr: distanzierte Ruhe).

Tanaka erläutert die Jaku-Philosophie in blumigen Worten: »Den Wagen rasant fahren, unter Bäumen ausrollen lassen und den Motor ausschalten. Das Licht fällt durch die Blätter und tanzt auf der Oberfläche des Wagens. Es ist nicht still, da immer noch das leise Ticken des sich abkühlenden Motors zu hören ist. Das ist Teil der Freude und des Feelings eines Sportwagens.«

In der Zwischenzeit befiel MANA wachsende Ungeduld. Schließlich wurde das Modell von Mazda fertiggestellt und per Luftfracht nach Kalifornien verschickt, um dort 1987 seinen letzten Schliff zu erhalten. Hirai und Tanaka sollten dem Modell nachreisen. Der sonst so unerschrockene leitende Projektingenieur trat seine Reise nach Irvine mit gemischten Gefühlen an; eine negative Reaktion seitens der Amerikaner konnte das Projekt immer noch zunichte machen.

MANA konnte die Ankunft von Hirai nicht erwarten und öffnete die Verpackungskiste. An diesem Tag erhielt Hirai ein Telefax aus Kalifornien. Darauf stand ein einziges Wort: »Glückwunsch.« Noch glücklicher war Tanaka, als er mit der gesamten MANA-Besatzung zusammentraf; so was hatte er noch nicht erlebt.

»Sie haben den Empfang in so großem Stil aufgezogen – sie müssen sich völlig verausgabt haben«, erzählt Hirai. »Als ich selbst ein paar Tage später ankam, war mein Empfangskomitee schon kleiner.« Hirai wurde jedoch durch die begeisterten Empfänge bei einer Reihe von Marketing-Stellen entschädigt. Plötzlich war das P 729-Projekt Wirklichkeit geworden, und es ging immer schneller auf eine letzte Vorlaufzeit vor der Serienproduktion zu.

Sicherheit geht vor

Wenn es überhaupt am Mazda MX−5 etwas gibt, das stilistisch vielleicht etwas unfertig aussieht, dann höchstens das Interieur. Es ist funktionell und für einen Sportwagen dieser Kategorie gut ausgestattet, aber es läßt irgendwie die sonst am Auto vorhandene integrale Einheitlichkeit vermissen.

Es gibt keine Zeichnungen mehr vom Frühstadium des Wettbewerbs zwischen den drei Konfigurationen FF, FR und MR. MANA entwickelte ein lebensgroßes Tonmodell des offenen Zweisitzers und legte ein eigenes Innendesign vor (sie konnten darauf einfach nicht verzichten). Tom Matano hatte da eine Idee: das obere Paneel des Armaturenbretts sollte aus einem weichen, glänzenden Kunststoffmaterial hergestellt werden, damit es wie eine Verlängerung der äußeren Karosserie aussähe. Es wäre schön gewesen, wenn er ein passendes Material gefunden hätte, aber es gab nichts, was in Farbe und Glanz zu dem gestrichenen Metall gepaßt hätte. Von Tokio gibt es hierüber keine Informationen.

Als das von MANA gewählte Design an IAD übermittelt wurde, das den Prototyp bauen sollte, lagen Innenraumskizzen des MANA-Designers W.H. Chin dabei.

Das funktionelle Wageninnere von IAD, das selbst einen Zigarettenanzünder enthielt, wie Mark Jordan bei seinem ersten Besuch in Worthing feststellte, muß eine Notlösung gewesen sein, um den Platz auszufüllen und den Wageninsassen genügend Komfort zu bieten. Stilistisch glich es eher den Cockpits, die Detroit gerne bei den Showwagen der 60er Jahre verwendet hatte. Das Mazda-Studio in Hiroshima hatte beschlossen, das Innendesign komplett zu überarbeiten, während man IAD mit der Produktion der ersten mechanischen Prototypen für die Ingenieurentwicklung fortfahren ließ. Das Team für die Innenausstattung in Hiroshima, von Designer Kenji Matsuo geleitet, begann im Januar 1987 mit der Arbeit an dem neuen Design.

Viele Designer und nicht aus dem Designbereich kommende Ingenieure hätten sich ein traditionelleres Instrumentenbrett gewünscht. »Ein flaches Armaturenbrett, in dem die wichtigsten Meßinstrumente sauber eingepaßt sind«, so meinte einer von ihnen.

Schon vorher war beschlossen worden, ein Aufprallschutzsystem (Airbag) ins Lenkrad einzubauen, um den amerikanischen Bestimmungen zu genügen. Ein klassisches Dreispeichenlenkrad könnte jedoch kein Polster aufnehmen, das sich aus diesem Problem ergebende Lenkraddesign müßte in der Mitte eine dicke Prallplatte vorsehen. Das würde jedoch nicht zu einem flachen Armaturenbrett passen. Also mußte beides aufeinander abgestimmt werden. Die Innenraumdesigner in Hiroshima taten ihr Bestes, sie verwendeten das klassische T-Paneel-Thema von Mazda (Cosmo 110S und R100). Der Rest war nicht mehr schwierig: die Form der Mittelkonsole, augapfelförmige Lüftungsklappen, einfachere Zierleisten an den Türen und andere Einzelheiten.

Das endgültige Design war Gegenstand einer sehr hitzigen Debatte, bei der sich am meisten die Fahrzeugingenieure Tachibana und sein Assistent Moriyama hervortaten (Tachibana hatte gerade einen frühen MGB restauriert, der nun wieder wie neu aussah). Design-Chef Tanaka mußte sich ihrer Kritik erwehren, nahm ihre Einwände zur Kenntnis; doch überzeugte er sie davon, daß diese Welt nun einmal von Vorschriften beherrscht werde. Um den Wagen mit Erfolg auf den Markt bringen zu können, müsse man eben die Vorschriften erfüllen.

Online, Go, Go!

Die Planer, Designer und Ingenieure des Mazda MX−5 gestehen alle, daß sie zu irgendeinem Zeitpunkt Zweifel am guten Ausgang des Projektes hatten, der mehr als einmal fraglich war.

Der Projektleiter dachte, daß man mit dem Projekt auflaufen würde, als ihn der Leitende Direktor vor einem möglichen »Sturm« im Bereich der Produktstrategie des Unternehmens warnte. Die MANA-Truppe hatte mit dem Design des Personentransportwagens MPV begonnen, dessen Entwicklung gleichzeitig in Hiroshima voranging. Sie fürchteten, daß es »entweder MPV oder LWS, aber nicht beides« geben würde, da nur wenig Zeit zur Verfügung stand.

Vorahnung über drohende Gefahren hielten in Irvine und Hiroshima bis ins Jahr 1987 an. Doch in Hiroshima hatten einige aus dem Topmanagement der Gesellschaft nie daran gezweifelt, wie das Projekt ausgehen würde: Das Auto würde auf den Weltmarkt kommen. Denn der Wagen appellierte an die Sensibilität von Präsident Kenichi Yamamoto. »Ein klarer Ausdruck der Wagenkultur, die vom Sportwagen verkörpert wird«, so äußerte er sich bei dem Vorstandstreffen, das der Übernahme des Projektes in den Produktstatus zustimmte. Ähnlich sicherte auch der Oberste Direktor des Managements, Takashi Kuroda, dem Projekt seine feste und nachhaltige Unterstützung zu.

Michinori Yamaguchi, der amtierende Leitende Direktor für Produktplanung und Entwicklung, war mit der weit profaneren Aufgabe betraut, den Produktzeitplan auszuarbeiten. »Es ging eigentlich nicht um die Frage ›MPV oder LWS‹. Es handelte sich vielmehr um eine Zwangslage, nämlich ›MPV und LWS gegen K‹«.

K bedeutet Leichtgewicht. Es handelt sich um eine kleine, kommerzielle Fahrzeugklasse, die in Japan ständigen Zuwachs verzeichnet hatte. Nach langjähriger Abwesenheit auf dem Markt hatte Honda, das einst das »K«önigreich beherrschte, vor einiger Zeit ein Comeback gefeiert und eine ausbaufähige Marktlücke entdeckt.

Mazda gehörte zu den Pionieren der Bewegung; der erste eigene in Serie hergestelle Personenwagen war der R360, ein kleines 2+2-Coupé, angetrieben durch einen luftgekühlten 360-cm^3-Doppelkolbenmotor, gefolgt von dem autoähnlicheren Modell Carol, das den kleinsten Vierzylinder-Reihenmotor der Welt besaß und auch dem 360-cm^3 Limit entsprach. Die Marketingexperten und Händler von Mazda in Japan drängten beim Management darauf, die K-Serie wieder aufzulegen.

Das Unternehmen hatte einen Wagen mit einem 550-cm³-Motor in der Design-Entwicklung.

Bevor Yamaguchi vor die Wahl gestellt wurde, hatte er zu den Befürworten der K-Modelle gehört. »Wenn ich mich irgendwie um das Marktdebut des MPV und jetzt des Mazda MX–5 verdient gemacht haben sollte, dann gebührt mir auch die Ehre für das Torpedieren des hausinternen Designs unseres K-Wagens.« Die Gesellschaft gab ihr K-Projekt nicht auf, aber sie fand einen viel effizienteren Weg zu dessen Verwirlichung: Der neue K von Mazda basiert auf den kürzlich aktualisierten Maschinen von Suzuki, für die Mazda eine stilvolle Karosserie entwickelte und somit das für Mazda typische dynamische Flair gab.

Da man sich nun aus der Zwangslage befreit hatte, ging der P 729-Mazda MX–5 seiner Vollendung entgegen.

Einige Jahre zuvor hatte ein Doyen des amerikanischen Automobiljournalismus sein Verdikt erlassen: »Z-Wagen und RX–7 waren reine Zufälle. Die Japaner haben nicht genug Herz, um einen richtigen Sportwagen von dauerhaftem Wert zu bauen.« Bob Hall ist glücklich, daß er diese Bemerkung widerlegen kann: »Ein Auto mag ein Zufall sein, aber wenn wir in knapp zehn Jahren zwei Autos bauen können, dann hat das nichts mehr mit Zufall zu tun.«

Auf einer langen Bergabstrecke auf einer deutschen Autobahn sah der Produktprogramm-Manager, wie die Tachonadel die 200-km/h-Marke streifte. Er war in Begleitung eines wegen seiner kritischen Zunge gefürchteten Franzosen aus dem Mazda-Vertrieb. Durch seine Importquotenregelung würde Frankreich für den Mazda MX–5 kein bedeutender Markt sein, aber man hatte den Vertriebshändler eingeladen, um seine fachkundige Meinung zu hören und um ihm, dem Liebhaber toller Autos, eine Freude zu machen. Der anspruchsvolle Monsieur untersuchte den Mazda MX–5, blieb einige Zeit still und machte dann gegenüber Hirai das bekannte OK-Zeichen mit dem Daumen: »Oui.«

HIROSHIMA VERFEINERT DAS DESIGN

Hiroshima begann mit der ernsthaften Überarbeitung des endgültigen Designs, indem es das Beste aus beiden Teilen der Welt vereinte. Der neu ernannte leitende Manager der Design-Abteilung und frühere Vizepräsi-

dent von MANA, Shigenori Fukuda, vergleicht dies mit der Renaissance-ähnlichen Bewegung im Japan des 14. Jahrhunderts, der »Muromachi-Dynamik«.

1

2

3

4

5

6

7

1+2 Ende 1986 beginnt Hiroshima mit der Formarbeit an seinem eigenen, lebensgroßen Tonmodell

3–7 Mitte März erscheint diese Attrappe auf einem kürzeren Radstand, mit niedrigerer Haube sowie einer glatteren und strafferen Oberfläche. Eine einzige Wölbung über dem Motor ersetzt die Höcker.

8

9

10

8–10 Endgültige Attrappe mit montiertem, abnehmbaren Hardtop
11 Designer und Techniker drängen sich um die fertige Attrappe
12 Design-Chef Fukuda macht den letzten Strich, ein Farbfleck, der jedoch nicht in die Produktion der Wagenschnauze übernommen wird…
13–15 Detaillierte Nahaufnahmen, die die subtilen Verfeinerungen von Tanaka widerspiegeln.

11

12

13

14

15

16

16 Das lebensgroße Schaumodell von Hiroshima wird für die Vorstellung bei den amerikanischen Marketingleitern vorbereitet, der im März eine Reihe von Einzelpräsentationen folgen. Von links: Fukuda, Tom Matano, Shinzo Kubo, Assistent des Produktprogramm-Managers für P 729, Hirai und Bob Hall. Leicht verdeckt auf der rechten Seite: der amtierende VP von MANA, Uchiyama.

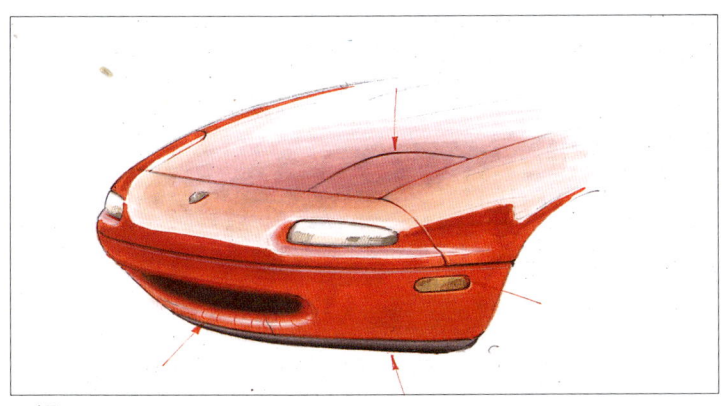

17

18

19

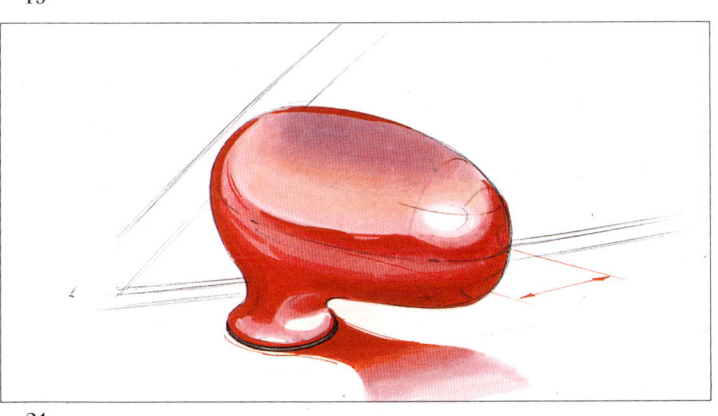

20

21

17–21 Nach der erfolgreichen Präsentation im März und den Einzelvorstellungen geht die Ost-West-Zusammenarbeit weiter. Shunji Tanaka zeigt mittels Linien und Pfeilen die feinen und bedeutenden Verbesserungen von W.H. Chin (MANA). Dadurch wird der leicht hängende »Mund« korrigiert.

22 Das Vorproduktions-Modell des Mazda MX–5, glücklich vereint mit seinen zufriedenen amerikanischen und japanischen Schöpfern. Von links: Tanaka, Jordan, Chin und Matano. Tanaka witzelte: »Eine hübsche Sammlung von Statuen, die sich im Wagen spiegelt.«

DIE ENTWICKLUNG DES INNENRAUM-DESIGNS

Ursprünglich wurde die Entwicklung des Innenraum-Designs von MANA und den britischen Spezialisten von IAD getrennt vorgenommen. MANA paßte seine eigene Innenausstattung der frühen Modelle zugunsten der Integrität des Designs an, während IAD damit beauf-tragt wurde, nur den fahrbaren Prototypen zu bauen, dessen Innenausstattung auf den Entwürfen MANAs W.H. Chin basierte. IAD arbeitete weiter, während Hiroshima die gesamte Entwicklung des Innendesigns übernahm.

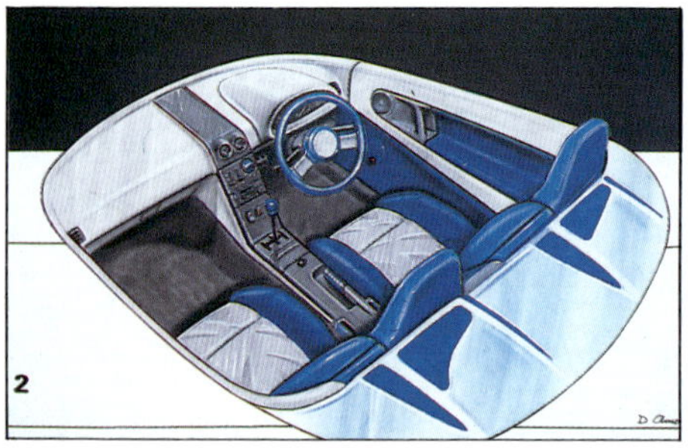

1    2 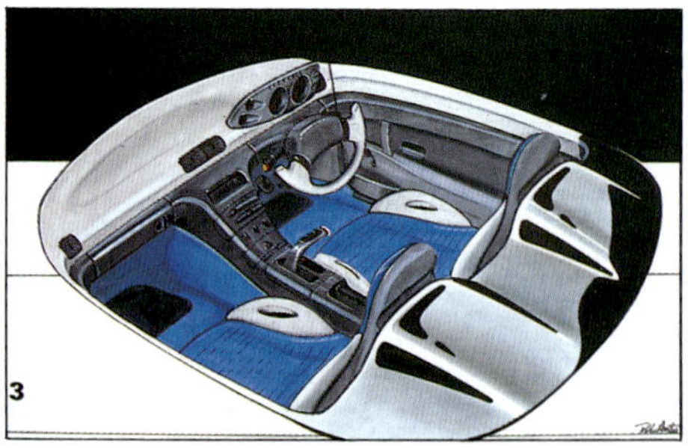   3

4    5    6

7    8

9

1–6   Eine gute Mischung aus japanischem und nicht-japanischem Innendesign

7+8   IAD unterbreitet zwei unterschiedliche Designvorschläge: ein klassisch flaches Paneel und ein umlaufendes Paneel

9   E. Peppal von IAD präsentiert Vorschläge zur Innenausstattung gegenüber der Mazda-Gruppe aus Ingenieuren und Designern. Anwesend sind auch der leitende Direktor Masataka Matsui (dritter von rechts) und der damalige leitende Manager der Design-Abteilung, Matasaburo Maeda (rechts von Matsui) sowie der Produktprogramm-Manager Toshihiko Hirai (in Hemdsärmeln, links von Matsui)

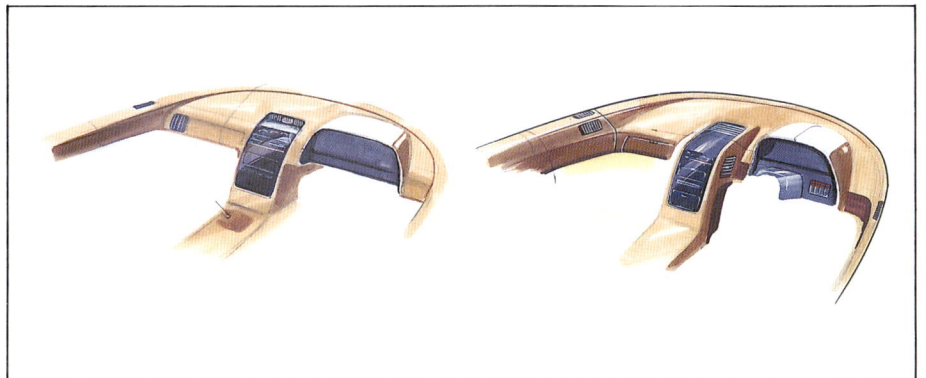

10

11

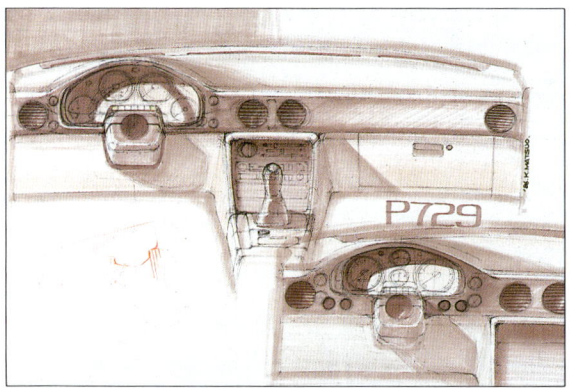

12

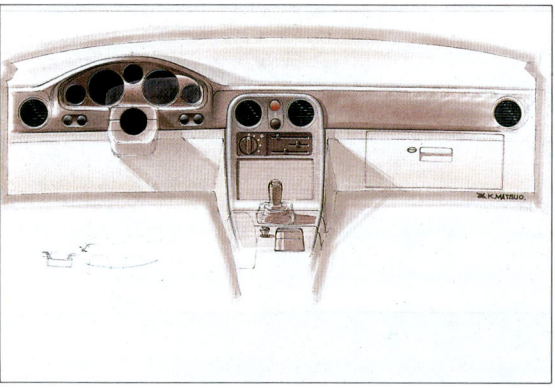

13

14

15

16

10   Frühe Skizzen von MANA, auf die sich die Innenraumgestaltung des
      fahrbaren Prototypen stützte
11   Das Innere des Prototyps von IAD
12 + 13 Die Skizzen des Instrumentenbretts nach den Vorstellungen von Mazdas
      Innenausstattungsdesigner Kenji Matsuo, nachdem Hiroshima die Ent-
      wicklung der Innenausstattung 1986 übernommen hatte.
14   Matsuos perspektivische Zeichnung des Mazda-Paneels in T-Form
15   Wichtige Schönheitskorrekturen des Themas von Matsuo
16   Sitzentwurf mit hoher Rückenlehne der Designer in Hiroshima

Kapitel

2

Die Anatomie des Mazda MX−5

Das Wesen eines Sportwagens

Vor einigen Jahren hatten die Mazda-Produktplaner Paul Frère, einen der geachtetsten europäischen Automobiljournalisten und früheren Rennfahrer, der unter anderem 1960 das 24-Stunden-Rennen von Le Mans gewonnen hatte, um die Definition gebeten: »Was ist ein Sportwagen?«

Frère antwortete in seiner typischen, sehr akribischen Art:

»Die Automobilindustrie brauchte etwa 30 Jahre, um den ›Sportwagen‹ zu entdecken. Ursprünglich war der Kraftwagen als Transportmittel für Personen konstruiert worden, und dies ist auch bis heute seine Hauptfunktion geblieben. Nachdem die Franzosen Autorennen ›erfunden‹ hatten, die in den früheren Jahren immer auf öffentlichen Straßen stattfanden, brauchten die Hersteller nicht allzu lange, um Modelle mit einer höheren Leistung zu entwickeln, die besonders für Automobilrennen konstruiert waren. Diese Wagen blieben jedoch auf ihre spezialisierte Rolle beschränkt und wurden normalerweise nicht an die Öffentlichkeit verkauft. Wenn der Rennsport auch einen großen Beitrag zum technischen Fortschritt geleistet hat und dies auch immer noch tut, sind diese Vorteile doch nie in Wagen zu finden, die je nach Größe und Preis mehr oder weniger luxuriös sind.

Erst nach dem Ersten Weltkrieg begannen einige Leute zu erkennen, daß das Fahren mit einem flinken Wagen mit einer überdurchschnittlichen Leistung auf öffentlichen Straßen Spaß machen konnte. Die Hersteller gingen schnell auf die Nachfrage ein – oder war es umgekehrt der Fall?

Nun, egal welche Antwort stimmt, zu dieser Zeit ging der Begriff ›Sportwagen‹ in den alltäglichen Sprachgebrauch ein. In den frühen 20ern wird dies durch Wagen illustriert, die sich in Größe, Preis und Spezifikation unterschieden, wie z.B. der Brescia Bugatti, der Vauxhall 30/98, der einen großen Hubraum besaß, die Speed Model Bentleys sowie der populäre Amilcar und der mit Kettenantrieb versehene GN.

Seit damals hat es immer einen blühenden Markt für Sportwagen aller Größen, Klassen und Preise gegeben, obwohl eigentlich nie jemand tatsächlich in der Lage war zu definieren, was eigentlich einen Sportwagen ausmacht.

Die frühen Anforderungen waren sicherlich mehr als eine durchschnittliche Leistung einer bestimmten Maschine, gute Fahreigenschaften und schnittiges Aussehen. Als jedoch einige Jahre vergangen waren und die Leistung aller Wagentypen gesteigert worden war, stellte man fest, daß offene Wagen nicht mehr mit den hohen Geschwindigkeiten zu vereinbaren und ebenso aus aerodynamischen Gründen nicht mehr zeitgemäß waren. Die Ära der MGs war zu Ende. Wir mußten ebenfalls akzeptieren, daß Sportwagen nicht notwendigerweise schneller als leistungsstarke Limousinen sein mußten. Es gibt heute nur noch wenige moderne Sportwagen, die es hinsichtlich der Geschwindigkeit mit einem V8-Mercedes der S-Klasse, einem Audi 200 20V oder einem BMW 750i aufnehmen können.

Was macht nun heute einen Sportwagen aus?

Ich würde sagen: Es ist ein Wagen, der speziell für die Freude am Fahren konstruiert wurde, auch wenn dies bedeutet, daß einige ursprüngliche Zwecke eines Automobils geopfert werden, um höhere Leistung, bessere Fahreigenschaften, besseres Bremsverhalten, kurz gesagt: um eine bessere Gesamtleistungsfähigkeit zu erzielen.

Ein richtiger Sportwagen hat nicht mehr als zwei Sitze, manchmal 2+2. Mehr Sitze würden ihn größer und schwerer machen. Eine korrekte Gewichtsverteilung, eine richtig bemessene Reifengröße sowie eine Aufhängung, die für optimale Fahreigenschaften und Straßenkontakt sorgt, kann eine höhere Priorität als die Bequemlichkeit der Passagiere und ausreichender Platz für das Gepäck haben und kann auch einige Opfer hinsichtlich des Komforts bedeuten.

Hinterradantrieb ist für einen Sportwagen von besonderer Wichtigkeit. Nicht nur wegen der sich aus einem hohen Drehmoment ergebenden Reaktionen, die beim Kurvenfahren auf die Vorderräder einwirken, sondern hauptsächlich, weil sich durch die Beschleunigung Gewicht von den Vorderrädern auf die Hinterräder verlagert, wodurch sich die volle Motorleistung besser in Vortrieb ummünzen läßt. Daher haben sämtliche leistungsstarken Rennwagen Hinterradantrieb.

Nun versteht man auch leichter, daß, um optimale Ergebnisse zu erzielen, ein richtiger Sportwagen besonders für diesen Zweck konstruiert sein muß und nicht von einem in Serie hergestellten Modell abgeleitet, angemessen gekürzt und modifiziert sein darf. Die anerkannt besten Sportwagen unserer Zeit – mögen sie nun Porsche, Ferrari oder Lotus heißen – sind zu dem bestimmten Zweck gebaut worden, maximale Freude am Fahren zu bereiten.«

Durch die Ausführungen von Frère sah sich das Konstruktionsteam, das für die Entwicklung des RX–7 der zweiten Generation zuständig war, besonders ermuntert. Es sollte ein zweckorientierter Sportwagen werden. Er sollte ein vollkommen neues Chassis bekommen und eine aerodynamisch effiziente, geschlossene Karosserie, in der keinerlei Teile des erfolgreichen Vorgängers mehr vorhanden sein sollten. Und der Wagen würde Mazdas stolze Tradition und das Symbol von Mazdas innovativem Geist, den Wankel-Kreiskolbenmotor, weiter hochhalten.

Die Zeichen der Automobilrevolution zeigten sich jedoch bereits. Der RX–7 der zweiten Generation würde einen leistungsstärkeren Kreiskolbenmotor haben, mehr Komfort und mehr Bequemlichkeit bieten, schwerer und teurer werden. Der neue RX–7 befand sich auf dem Weg nach oben, er würde nicht länger eine außergewöhnliche Ausgabe eines Mittelklassewagens (wie Mazda den Porsche 924 mit entsprechender Leistung nennt) mit dem Etikett eines erschwinglichen Sportwagens sein können.

So begann des Projekt P 729, das über den Umweg des Versuchswagens V 705 zur Serienproduktion des Mazda MX–5 führte. Das Projekt hatte als klassischer, mit Frontmotor und Hinterradantrieb ausgestatteter Sportwagen mit offener Karosserie begonnen, der sehr viel Freude am Fahren bringen und zu einem erschwinglichen Preis angeboten werden sollte. Der Wagen müßte zweckorientiert sein, ein eigenes Chassis besitzen und einen Motor, der sportwagengerecht getunt wäre.

Es gab keinerlei Bedenken hinsichtlich der offenen Karosserie des Mazda MX–5. Frères Beobachtungen wurden zu Beginn des aerodynamischen Zeitalters gemacht. Die Kunst des Umgangs mit den Luftströmen schritt schnell voran, und Mazda war einer der ersten Hersteller in Japan, der diese Kunst in ernst zu nehmender Weise in die Praxis umsetzte. Die Aerodynamiker in Hiroshima waren zuversichtlich, daß sie einen Widerstandkoeffizienten erreichen könnten, der bei geschlossenem Stoffverdeck um einiges unter dem cW-Wert von 0,4 liegen würde. Und tatsächlich erzielte Mazda einen Luftwiderstandsbeiwert für den Mazda MX–5 von cW 0,38 bei geschlossenem und cW 0,44 bei offenem Verdeck.

Die Zeiten änderten sich, und die Cabriolets feierten ein bemerkenswertes Comeback, sie wurden sowohl in Amerika als auch in Europa in den frühen 80er Jahren wieder von den Käufern geschätzt. Wie üblich folgte Japan diesem Trend vorsichtig und verhalten. Mazda nahm mit den Modellen 323 und dem populären und einzigartigen RX–7-Cabriolet den Kampf um Marktanteile auf, zweifellos zum Leidwesen der Stuttgarter Konkurrenz.

Als sich die Planer von Mazda mit dem unglücklichen Schicksal der großen britischen Sportwagenhersteller beschäftigten, begriffen sie, daß der Fehler nicht bei deren Flaggschiffen, sondern bei den Herstellern selbst lag, weil sie nicht flexibel genug waren, sich neuen Gesetzes- und Abgasnormen anzupassen.

Handling, Fahrdynamik und Gewichtsreduzierung
Als die grundlegenden Designkriterien des Mazda MX–5 festgelegt waren und der Wagen in Mazdas nordamerikanischem Studio in Irvine, Kalifornien, definitiv Gestalt angenommen hatte und danach – zwecks Veredelung – zum Haupt-Stylingszentrum in Hiroshima transportiert worden war, bestand die Hauptaufgabe von Toshihiko Hirai – dem für das Produktprogramm zuständigen Manager – darin, mit der vorhandenen Konfiguration die bestmöglichen fahrdynamischen Qualitäten zu erzielen.

Eine ideale Gewichtsverteilung, 52 Prozent vorne und 48 Prozent hinten in unbeladenem Zustand, war für einen 990 kg schweren Wagen erreicht worden. Hirai besteht darauf, daß es zwei Elemente gibt, die für eine korrekte Gewichtsverteilung in einem Sportwagen von großer Bedeutung sind: Vor allem muß das Gewicht so gering wie möglich gehalten werden, zweitens muß das Hauptgewicht innerhalb des Achsstandes des Fahrzeugs liegen und jegliches Gewicht, das darüber hinaus ragt, muß reduziert werden. Sein Glaubensbekenntnis hinsichtlich der Dynamik eines Sportwagens besteht darin, die geringstmögliche Gierträgheit zu erzielen.

Der Motor des Mazda MX–5 ist »vorne in der Mitte« angeordnet, wie Mazda auch die Einbaulage des Kreiskolbenmotors beim RX–7 zu beschreiben pflegt. Der 1,6-Liter-Motor mit 4 Zylindern in Reihe des Mazda MX–5 ist soweit zurückversetzt installiert, wie es das Layout erlaubt, wobei auch in Kauf genommen wird, daß der Fußraum dadurch leicht eingeengt wird. Ungefähr zu zwei Dritteln liegt der Motor hinter dem Mittelpunkt der Frontachse.

Hirai wies seine Konstrukteure an, jegliche Komponenten so niedrig wie möglich anzuordnen, um den Schwerpunkt herabzusetzen und das Gewicht um jedes nur mögliche Gramm zu reduzieren. Ein wichtiger Punkt ist die Batterie, deren Anordnung und Typ. Zuerst war sie gut vor den Hinterrädern untergebracht, aber als der Achsstand verkürzt wurde, fiel dieser Platz weg. Schließlich wurde sie in einer Ecke des Kofferraums verstaut. Das führte zum Einsatz einer extrem leichten Batterie. Sie wiegt nur 9 kg und ist damit um 4,5 kg leichter als eine vergleichbare herkömmliche Blei-Säure-Batterie; dem Ideal der 50:50-Gewichtsverteilung kam das Team dadurch aber beträchtlich näher.

Ein wichtiger Beitrag zur Lösung des Gewichtsproblems, auf den Hirai stolz ist, sind die leichtgewichtigen Verstärkungsstäbe für die Stoßstangen, die aus »geblasenen« Kunststoffteilen bestehen. Jeder dieser Stoßfänger spart im Vergleich zu den herkömmlichen Exemplaren aus Stahl 4 kg Gewicht ein.

Ein weiteres Teil von geringem Gewicht, auf dem Hirai bestand, war die Motorhaube aus Aluminium. Die gesamte Auspuffanlage des Mazda MX−5 − einschließlich einzelner Teile des Auspuffkrümmers − besteht aus rostfreiem Stahl, der leichter und dauerhafter, aber auch teurer ist als normaler Stahl.

Es gibt natürlich immer Grenzen, wie weit man gehen kann. Auch der Projektmanager mußte sich dieser allgemein gültigen Weisheit beugen. Mazdas Ingenieure, die für den Motor zuständig waren, schwebten Nockenwellen aus Hohlguß vor. Das hätte pro Paar ein Kilogramm gespart. Die Teile der Aufhängung hätte man aus Aluminium fertigen können, gerade so wie beim RX−7 der zweiten Generation. Diese Ideen, wie viele andere zur Gewichtsreduzierung, waren sehr verlockend, aber das Produkt war dem Gesamtkonzept eines erschwinglichen Sportwagens unterworfen. So mußten diese Vorschläge entweder im Konstruktionsstadium oder im Entwicklungsstadium verworfen werden.

Cabriolet oder Roadster?

Die Leute von Mazda wollten natürlich gerade bei einem so wichtigen Projekt wie dem Mazda MX−5 keine Unkorrektheiten dulden, noch nicht einmal bei der Klassifizierung. Fest stand: Es handelte sich um ein offenes Auto − aber war es nun ein Cabriolet oder ein Roadster? Mazda betrachtet das Golf Cabriolet und sein eigenes 323-Modell als gute Beispiele der ersten Sorte, sie sind Limousinen praktisch ebenbürtig. Das andere Extrem bilden Roadster wie der Lotus/Caterham Super 7

und seine Konkurrenten sowie die klassischen britischen und italienischen Sportwagen.

Hirai gesteht ein, daß Mazda − wie andere japanische Firmen auch − dazu neigt, übers Ziel hinauszuschießen. Sie würden mit Freude Cabriolets bauen, die so stabil wie Panzer sind und so wasserdicht wie Unterseeboote. Das 323-Cabrio und das RX−7-Cabrio kommen diesem Idealbild schon recht nahe. Dieses Baurezept taugte nicht für den Mazda MX−5, er wäre zu schwer und zu teuer geraten. Zudem sollte er ein leichtgewichtiges und mit einer Hand leicht bedienbares Verdeck bekommen, das allerdings mehr Wetterschutz bieten mußte als bei den klassischen Roadstern. Kurz: Es galt den goldenen Mittelweg zu finden.

Am liebsten hätten die Mazda MX−5-Väter den Begriff Spider verwendet. Sie beneiden die Italiener um deren Erfindung der aussagekräftigen Bezeichnung »Spider«, die sich deutlich von den anderen Bezeichnungen abhebt, auch wenn der Schutz gegen die Unbill des Wetters etwas zu wünschen übrig läßt. Schließlich fertigten sie ein Schaubild an, auf dem typische neue und alte Automobile mit offener Karosserie zu sehen waren, wobei der ehrwürdige Lotus mit dem Wert Null an das untere Ende der Zehnerskala und die Klasse des Golf und 323 an das obere Ende der Skala mit dem Wert 10 gesetzt wurde. Der Mazda MX−5 hätte den 8. oder 9. Platz eingenommen. So entschied man sich bei Mazda dafür, ihn als Cabriolet zu bezeichnen.

Das ursprüngliche Design des Faltverdecks beruht größtenteils auf britischer Erfahrung und Handwerkstradition. Es würde nun mit Hilfe der neuesten japanischen CAD (Computer Aided Design)- und Herstellungstechnologie verbessert. Schließlich ging man daran, das am besten geeignete Material zu suchen. Es besteht aus einer Schicht (in Deutschland gefertigten) Kalico-Leinens, das hintere Kunststoffenster stammt aus dem Hause Gurit-Worbla in der Schweiz, das auch Firmen wie BMW und Porsche beliefert. Die Firma hatte Probleme, einen Container zu finden, in dem der transparente Kunststoff transportiert werden konnte, der schließlich den Äquator überqueren mußte. Die ungeschnittenen Folien wurden getrennt aufgehängt − gerade so wie teure französische Mode, so daß sie nicht zusammenkleben oder verkratzen konnten.

Sogar eingefleischte Freiluft-Enthusiasten wünschen sich manchmal ein abnehmbares Hardtop, besonders im Winter oder bei regnerischem Wetter. Mazda hat solch ein Hardtop als Option parat. Es besteht aus einer Harzmatte, die aus einem Stück geformt ist. Sie ist laut

Aussage der Ingenieure von Mazda eines der größten Teile ihrer Art, das für ein Automobil verwendet wird. Seine Vorzüge bestehen sowohl in einer glatten Kontur und Oberfläche als auch in geringem Gewicht. Das Dach besitzt eine große Heckscheibe aus Glas, was gute Sicht nach hinten ermöglicht. Das Verdeck ist an sechs Punkten befestigt: am oberen Rahmen der Windschutzscheibe, an den Seitenwänden der Karosserie und an den verchromten Verankerungsplatten vor dem Kofferraumdeckel.

Laut offiziellem Katalog von Mazda ist das Hardtop in jeder Farbe lieferbar – es muß nur ein flammendes Rot sein. Zu der Zeit, als der Katalog erstellt wurde, war dies die einzige Farbe, von der Mazdas Farbspezialisten der Meinung waren, daß sie genau zu den verschiedenen Materialoberflächen passe.

Der Motor des Mazda MX–5 / Typ B6-ZE

Als die klassische Konzeption Frontmotor/Hinterradantrieb für den Mazda MX–5 feststand, gab es keine passende Kraftquelle. Zu diesem Zeitpunkt waren sämtliche kleineren und mittleren Modelle von Mazda bereits mit Front- oder Allradantrieb ausgestattet. Aus diesem Grund mußte man für den IAD-Prototypen die Aufhängung eines alten RX–7 und eines 929 sowie den Hinterradantrieb des GLC 7 323 1,4 Liter nehmen. Dieser Hinterradantrieb wäre für die Leistung des neuen Sportwagens vollkommen ungeeignet gewesen, er reichte jedoch für den Antrieb des Prototypen.

Als der Entwurf eines Hinterradantriebs genehmigt worden war, entschied man sich für einen Typ B6-DOHC-Motor mit zwei obenliegenden Nockenwellen und elektronischer Benzineinspritzung, die bereits in den leistungsstarken Versionen der 323-Serie vorhanden war. Man plazierte den Motor in Längsrichtung aufrecht stehend und koppelte ihn mit einem modifizierten RX–7-Getriebe. Die 1,6-Liter-B6-Serie mit 4 Zylindern in Reihe, die es zu Beginn nur mit einer Nockenwelle in der amerikanischen Version des 323 gab, hatte sich durch gute Leistung und Zuverlässigkeit bewährt.

Das Konstruktions- und Entwicklungsteam beschloß, in den Mazda MX–5 nicht einfach einen Motor aus einer Familienlimousine oder einem Sportcoupé zu verpflanzen, sondern ein Triebwerk für ihn speziell aufzubereiten und zu tunen. Die Modifizierungen waren so umfangreich, daß man sogar die Motortypbezeichnung änderte – in B6-ZE statt B6.

Der B6-ZE-Motor weist dieselbe Bohrung und den-

selben Hub wie der B6-Motor auf, d. h. 78 mm bzw. 83,6 mm, wodurch ein Gesamthubraum von 1597 cm³ erreicht wurde. Der Motor mit elektronischer Benzineinspritzung leistet 118 PS gemäß DAE-Norm bei 6500/min und hat ein Verdichtungsverhältnis von 9,4:1. Das maximale Drehmoment dieses hochdrehenden Sportwagenmotors liegt bei 136 Nm und wird bei einer relativ hohen Drehzahl von 5500/min erreicht.

Die beiden obenliegenden Nockenwellen in einem Präzisionsguß-Aluminiumkopf werden von einem Zahnriemen angetrieben, den ein federbelasteter automatischer Spanner »unter Druck« setzt. Es gibt pro Zylinder vier Ventile mit hängenden Tassenstößeln. In jedem Stößel ist ein hydraulischer Schlagregler eingebaut, um einen leisen Ventilbetrieb sicherzustellen und um die Intervalle für die periodisch anfallende Spielnachstellung möglichst groß zu halten.

Korrekte Ventileinstellung ist für diesen Motor besonders wichtig, bei dem besonderes Gewicht auf hohe Drehzahlen gelegt wird. Die Ventile besitzen eine V-förmige Neigung mit einem Ventilwinkel von 50° in einer kompakten, pultdachförmigen Verbrennungskammer mit zentral angeordneten Zündkerzen. Das Einlaßventil hat einen Durchmesser von 31 mm, das Auslaßventil von 26,2 mm. Der Hub beträgt 7,8 mm.

Der untere Teil des Motors besteht aus einem leichten, kurzmanteligen Zylinderblock aus Gußeisen, der entsprechend geformt und gerippt ist, um optimale Steifigkeit zu erreichen. Eine geschmiedete Kurbelwelle aus Gußeisen ist mit acht Gegengewichten vollständig ausbalanciert und rotiert in fünf Hauptlagern.

Bei der Druckumlaufschmierung des B6-ZE wird eine Kreiselpumpe verwendet, die direkt von der Kurbelwelle angetrieben wird. Ein wassergekühlter Ölkühler ist in den Patronen-ähnlichen Ölfiltersockel integriert. In die Innenseite des Kolbens wird ein Ölstrahl sowohl zur Kühlung als auch zur Zylinderschmierung eingesprüht. Die Ölwanne besteht aus Druckgußaluminium und ist wegen des Kühleffekts gerippt.

Die Wasserpumpe ist vor dem Motor angebracht und durch ein kurzes Rohr mit dem Aluminiumkühler verbunden, der einen Verteiler aus Kunststoff und einen Bodentank besitzt. Ein elektrisch angetriebener Lüfter (wenn eine Klimaanlage vorhanden ist, sind es zwei Lüfter) gehört zur Standardausrüstung. Das spart Gewicht und Motorenergie.

Auf Grundlage dieser vielversprechenden Konfiguration des Motors bemühten sich die Ingenieure von Mazda hinsichtlich der Leistung Ziele zu erreichen, die sie blumig so formulierten:

* Prickelnde, sofort zur Verfügung stehende Kraft – bezogen nicht nur auf den absoluten Wert, sondern auch auf die Art und Weise, wie sie geliefert wird.
* Geringes Gewicht – die Quelle der gesamten Leistung
* Wunderbarer Sportwagenklang ohne unerwünschte Nebengeräusche
* Mazdas gewohnte Qualität, Zuverlässigkeit und Langlebigkeit.
* Ein ästhetisches, ansprechendes Äußeres, das die Kraft schon ahnen läßt

Motorkonstrukteur Kazuo Tominaga ritt an allen Fronten heftige Attacken. In einem Zwischenstadium der Entwicklung leistete der Motor bereits ehrliche 115 PS bei 6500/min. Jede andere Firma in Japan warb mit 120–130 PS, die mit einem 1,6-Liter-Saugmotor mit zwei Nockenwellen und 16 Ventilen erreicht werden sollten. Nein, nicht auf meinem Prüfstand, erwiderte Tominaga, wo die Nadel unverändert um die Zahl 100 schwankte.

In diesem Stadium lag die oberste Drehzahlgrenze bei 7000/min, und das Konstruktions- und Entwicklungsteam bemühte sich, noch ein paar Hundert Touren hinzuzufügen. Tominaga und seine Ingenieure leisteten bei der gegossenen Kurbelwelle, deren Rippen bereits verstärkt worden waren, um zusätzliche Steifigkeit zu erreichen, hervorragende Arbeit durch genaue Ausbalancierung. Das Schwungrad ist eine Besonderheit des B6-ZE. Es wiegt zwar soviel wie das des B6-DOHC-Motors, ist aber zentriert, so daß die Trägheit reduziert ist und höhere Drehzahlen erreicht werden.

Durch diese Feinarbeit leistet der Motor nun 2 PS mehr, und der rote Bereich des Drehzahlmessers beginnt bei 7200/min, danach tritt die Kraftstoffabschaltung in Aktion.

Die verstärkte Kurbelwelle, das Schwungrad mit geringer Trägheit sowie die aus Aluminium bestehende Ölwanne tragen zur Verringerung der Vibrationen und Geräusche bei. Die steife Ölwanne besitzt innere Leitbleche, die sowohl zu einer weiteren Verstärkung führen als auch dazu dienen, das Schmiermittel an seinem Platz zu halten, wenn es Fliehkräften ausgesetzt ist. Die mit Rippen versehene Ölwanne ist mit Bolzen am Getriebegehäuse befestigt, wodurch der Motor verstärkt wird, was ein durch Vibrationen verursachtes Verwinden verhindert.

Tominaga besteht darauf, daß die Form unbedingt die Funktion widerspiegeln muß, und zusammen mit seinem Konstruktionsstab haben die Ingenieure einen ansehnlichen Zylinderkopf und ein Gehäuse für den oberen Zahnriemen aus Aluminium gegossen. Tsunetoshi Yokokura hatte bereits an einigen Mazda-Hochleistungsmotoren mit kleinem Hubraum gearbeitet, darunter auch am B6-DOHC-Motor des 323 und an einem Vierzylindermotor mit zwei Nockenwellen von Ford, der für den japanischen Markt gebaut wurde. Als der junge Ingenieur von dem Mazda MX–5-Projekt hörte, bat er darum, die Konstruktion der äußeren Teile des Motors übernehmen zu dürfen. Ansaugsysteme und Auspuffanlagen waren seine Spezialität.

Nachdem er mit dieser Aufgabe betreut worden war, wurde er sofort mit Vorschlägen und Ideen von seinen Vorgesetzten und Kollegen bombardiert, die alle behaupteten, die höchste Autorität und die besten Kenntnisse auf diesem Gebiet zu besitzen. Einige wollten ein System mit mehreren Vergasern. Yokokura gestand ihnen zu, daß Flachstrom-Vergaser mit großer Bohrung wie die Weber-Vergaser einen gewissen Charme und gute Leistungscharakteristika besitzen. Er gab jedoch zu bedenken, daß der Motor die drastischsten Abgasbeschränkungen der Welt, die der USA und Japans, erfüllen müsse. Schließlich seien diese beiden Länder die Hauptabsatzmärkte für den Mazda MX–5. Außerdem sei der Mazda MX–5 kein Schritt zurück in die Vergangenheit, sondern ein Sprung in die Zukunft. Und so gaben Yokokura und seine Mitarbeiter den neuesten Errungenschaften auf dem Gebiet der Motorsteuerung und Spritversorgung den Vorzug. Die Benzineinspritzung basiert auf einer elektronischen, digitalkontrollierten L-Jetronic mit hängendem Luftmengenmesser. Das Benzin wird nacheinander in jeweils zwei Zylinder eingespritzt. Dieses System wurde sowohl aufgrund seiner erwiesenen Leistung und Zuverlässigkeit als auch wegen der Kosteneffizienz gewählt.

Das Ansaugsystem besteht aus einem Luftsammler und separaten, U-förmigen Strängen zu den Einlaßkanälen. Die Länge dieser zylindrischen Stränge von 400 mm wurde wegen des optimalen Ansaugstaudruckes im höheren Drehzahlbereich gewählt. Jeder Strang verjüngt sich über seine gesamte Länge hinweg, genauso wie die trichterförmigen Ansaug-»Trompeten« eines Rennwagenmotors. Am Ausgang des Luftsammlers haben die Stränge einen Durchmesser von 40 mm, in der Mitte von 38 mm und an der ovalen Öffnung des Ansaugkanals von 34 mm. Die mathematisch-analytische GNC-2-Methode von Mazda wurde angewendet, um die Länge der Stränge und das Maß der Verjüngung zu bestimmen. Die Wirksamkeit wurde ständig getestet. Die verjüngten Stränge führen zu einem reduzierten Luftwiderstand im Bereich der Kanaleintrittsöffnung, wodurch die Füllung des Zylinders optimiert wird.

Der Ansaugkanal besitzt eine ovale Form und führt in zwei Einlaßventile pro Zylinder, also kein variables Ansaugsystem, wie es von vielen japanischen Motorkonstrukteuren (einschließlich derer von Mazda) bevorzugt wird. Konstrukteur Yokokura erklärt, daß es bei einem Sportmotor auf Leistung bei hohen Drehzahlen ankäme und nicht wie bei Limousinen auf relativ geringe Maximaldrehzahl und Kraft im mittleren Drehzahlbereich.

Die Philosophie des für den Motor zuständigen Konstruktionsteams versinnbildlicht der Auspuffkrümmer: ein ansehnliches geschweißtes Exemplar mit einer Befestigungsplatte aus rostfreiem Stahl und einzelnen Rohren, die in einem Kollektor zusammenlaufen und nur halb so viel wiegen wie übliche Auspuffkrümmer aus Gußeisen. Man hätte eine identische Länge der Rohre bevorzugt, um einen maximalen Entlüftungseffekt zu erzielen, aber die Einbauweise machte einen Kompromiß mit fast gleichen Längen erforderlich. Diese Art Auspuffkrümmer bleibt normalerweise Wagen mit einer geringen Stückzahl vorbehalten, die zu einem sehr hohen Preis verkauft werden. Der Mazda MX−5 ist ein Wagen, der in großer Stückzahl hergestellt wird und eine größere Käufergruppe anspricht, daher müssen seine Komponenten den Einsatz einer modernen automatisierten Fertigung erlauben. Der Auspuffkrümmer entspricht dieser Anforderung. Die Befestigungsplatte ist z. B. robust genug, um eine Verbolzung mit einem Schlagschrauber auszuhalten.

Dem jungen Designer Makoto Shinhama wurde die Aufgabe übertragen, den restlichen Teil der Auspuffanlage zu gestalten und abzustimmen, und er machte sich mit Feuereifer an die Arbeit. Der Manager des Produktprogramms, Hirai war verblüfft, als Shinhama und seine Kollegen einen ganzen Bongo (Mazdas Kleinlastwagen) voll mit Auspuffrohren zur Klangbewertung brachten. Sie mußten dazu sämtliche Regeln des Unternehmens hinsichtlich der Überstunden gebrochen haben…

Bei dieser Lastwagenladung Auspuffrohre herrschten zwei Klangarten vor: der Klang eines leichten Stakkatos und die rauhe Variante mit niederfrequentem Sound. Dies waren die beiden bei Mazda am meisten bevorzugten Klangfarben. Die erste Variante ist bei Japanern beliebt – auch beim Manager des Produktprogramms -, die letztere Variante wird von den Amerikanern bevorzugt. Die Produktion des Mazda MX−5 mußte sich am amerikanischen Geschmack orientieren.

Shinhama und seine Mitverschwörer in der Entwicklungsgruppe hatten ein Stakkatosystem zur Perfektion gebracht, aber als sie in einem Bewertungstreffen die Tatsache enthüllten, daß für dieses System ein Vorschalldämpfer erforderlich sei, zogen sie sich den Unwillen des Projektleiters Hirai zu.

Die Serienanlage besteht komplett aus rostfreiem Stahl. Ein Dreiwegekatalysator befindet sich in der Mitte unter dem Wagenboden, und ein einziger Schalldämpfer mit einer Kapazität von 11,6 Litern filtert störende Geräusche heraus, so daß nur der »angenehme Klang eines Sportwagens« die Ohren verwöhnt. Das Gesamtgewicht der Auspuffanlage liegt um ca. 5 kg unter der des 323 (17,8 kg).

Die Zündung erfolgt durch ein computergesteuertes System, das dem beim Kreiskolbenmotor des RX−7 gleicht. Die elektronische Regeleinheit nimmt Signale von verschiedenen Sensoren auf und gibt Steuerbefehle an Zündverteiler, -spulen und -kerzen. Durch dieses System wird eine exakte Zündzeitpunktverstellung sichergestellt, die auf die verschiedenen Betriebsparameter des Motors abgestimmt ist und durch Vereinfachung des Stromkreises hohe Zündenergie ermöglicht. Es ist eine Sicherung enthalten, die im Falle eines Ausfalls der Elektronik für gleichbleibende Zündkapazität sorgt.

Auch elektrische Zusatzaggregate des Motors sind ein Gewichtsfaktor, also kann man auch hier »Pfunde« einsparen. Aufgrund der günstigen Anströmungsverhältnisse dank Längseinbau des Motors genügt ein kleinerer Lüftermotor: ein 45-W-Motor anstatt eines 160-W-Motors wie beim 323. Der Mazda MX−5 ist ein Geizhals beim Verbrauch an Elektrizität (so gibt es zum Beispiel keine heizbare Heckscheibe), so daß eine kleinere Lichtmaschine ausreichte.

Das besondere Klick-Gefühl

Das Getriebe ist eine Weiterentwicklung des bewährten M-Typs, der im erfolgreichen Mazda RX−7-Modell ohne Turbolader verwendet wird. Einzigartig beim Mazda MX−5 ist der PPF, kurz für Triebwerksrahmen: ein langer, robuster und leichter Aluminiumrahmen, der das Triebwerk und den Achsantriebsstrang verbindet und so für spielfreie Kraftübertragung sorgt. Die Achsantrieb/Differential-Einheit mit breiten Verstrebungen, die an den PPF geschraubt sind, ist auf den

FAHRGESTELL UND KRAFTÜBERTRAGUNG

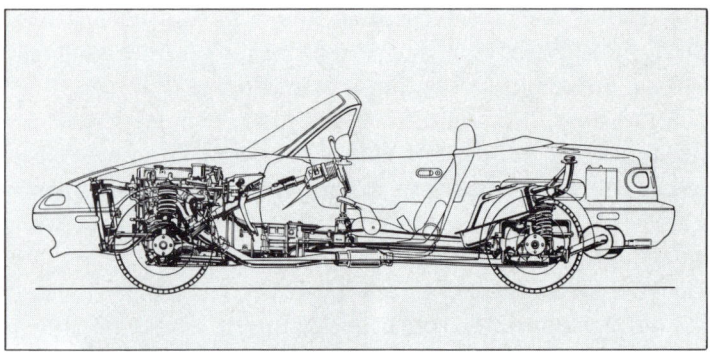

1

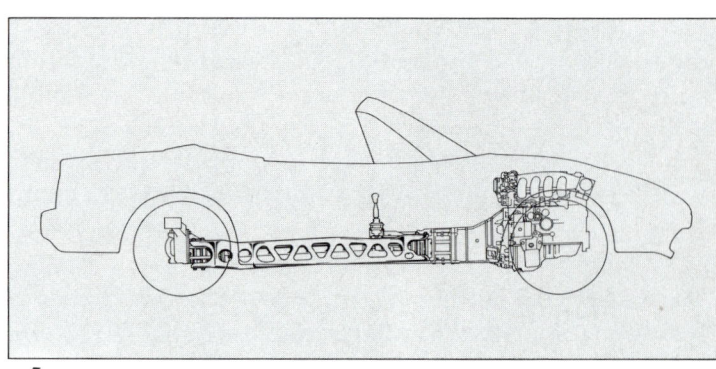

3

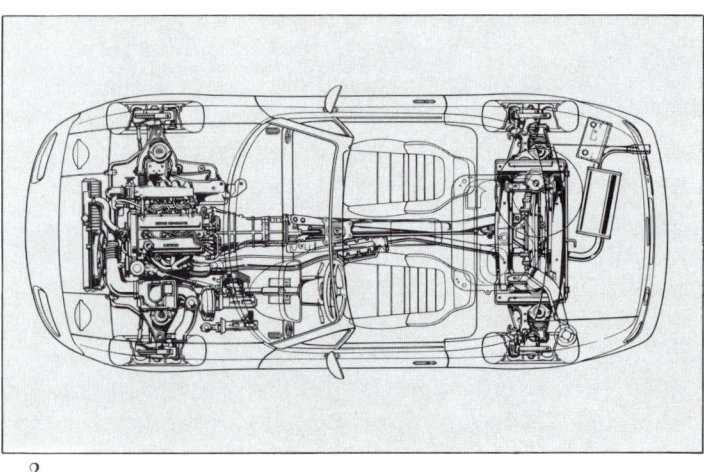

2

1+2 Beim Mazda MX–5 sind wichtige mechanische Komponenten innerhalb des Radstands versammelt, wodurch ein geringes Trägheitsmoment erreicht wird.

3 Getriebe und Achsantrieb sind wie eine Brücke durch einen durchbrochenen Aluminiumrahmen verbunden und bilden eine Antriebseinheit.

4 Das Triebwerk des Mazda MX–5 und die Aufhängung

5 Der Triebwerksrahmen (PPF) ist eine Konstruktion aus einer gepreßten und durchbrochenen Aluminiumplatte. Ihre Höhen- und Querschnittswerte wurden mittels des GNC-2-Computerprogramms von Mazda bestimmt, um optimale Stärke und Steifheit zu erzielen.

6–8 Das vordere Ende des PPR wird mit dem Getriebegehäuse und das hintere Ende mit der Hinterradantriebseinheit verschraubt.

9 Der Vierzylinder-Reihenmotor mit 16 Ventilen und zwei obenliegenden Nockenwellen des Typs B6-ZE mit einem Hubraum von 1597 cm³ ist hier mit einer Entwicklung des 5-Gang-Getriebes des Typs M von Mazda verbunden. Der Motor bringt 116 SAE-PS bei 6500/min und dreht ab 7200/min in den roten Bereich.

4

5

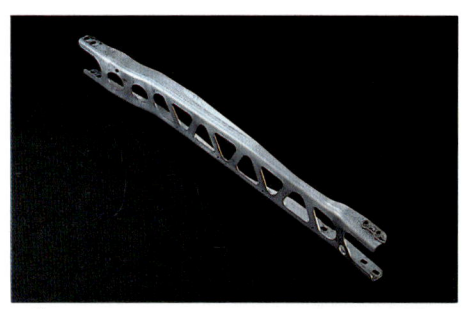

6

7

8

9

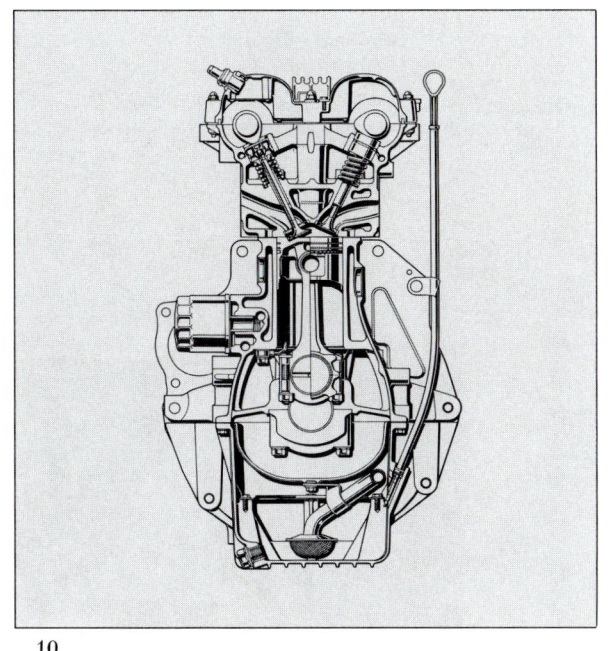

10

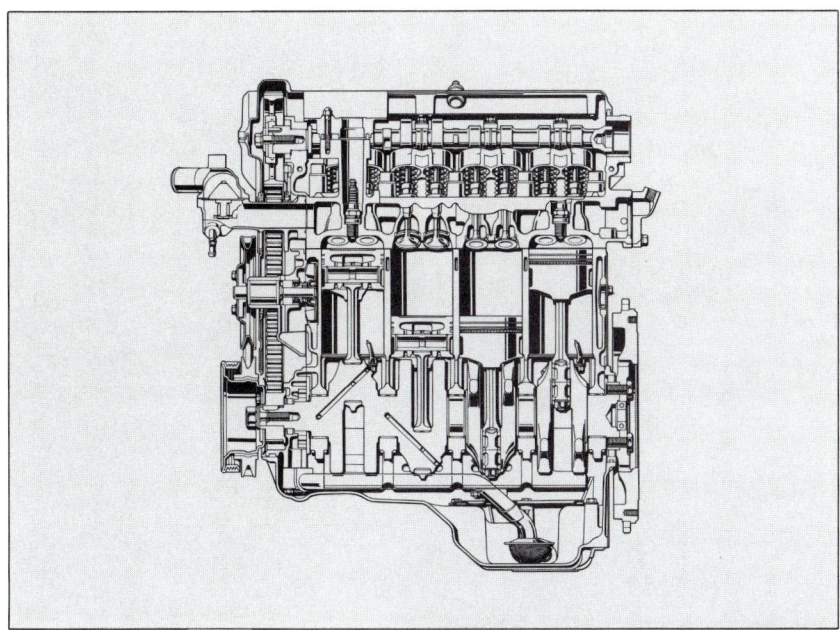

11

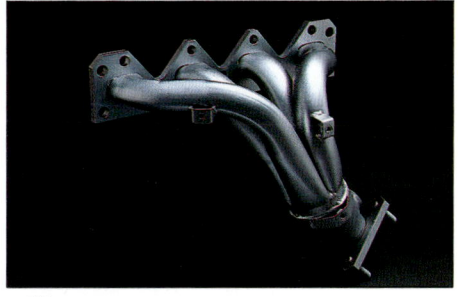

12

13

Leistungsdiagramm des Motors

85kW/6500rpm

135N-m/5500rpm

Drehmoment

Leistung

Motordrehzahl

10 Querschnitt des Motors Typ B6-ZE. Die Ventile werden über hydraulische Schlagregler gesteuert, die in umgekehrten Tassenstößeln liegen.

11 Längsschnitt

12 Auspuffkrümmer aus rostfreiem Stahl. Die Rohrlängen sind, soweit es die Platzverhältnisse erlaubten, so einheitlich wie möglich.

13 Elektronische Kraftstoffeinspritzung auf Grundlage der Bosch L-Jetronic mit separaten Einspritzdüsen. Die Länge des Einlaßtrakts (400 mm) sorgt für hohe Leistung.

14+15 Das gesamte Auspuffsystem mit einem Dämpfer ist aus Edelstahl – zwecks geringerem Gewicht und langer Lebensdauer. Ein monolithischer, geregelter 3-Wege-Katalysater reinigt die Auspuffabgase.

16 Aluminiumkühler mit oberen und unteren Behältern aus Kunststoff. Das elektrische Kühlgebläse gehört zur Standardausrüstung.

14

15

16

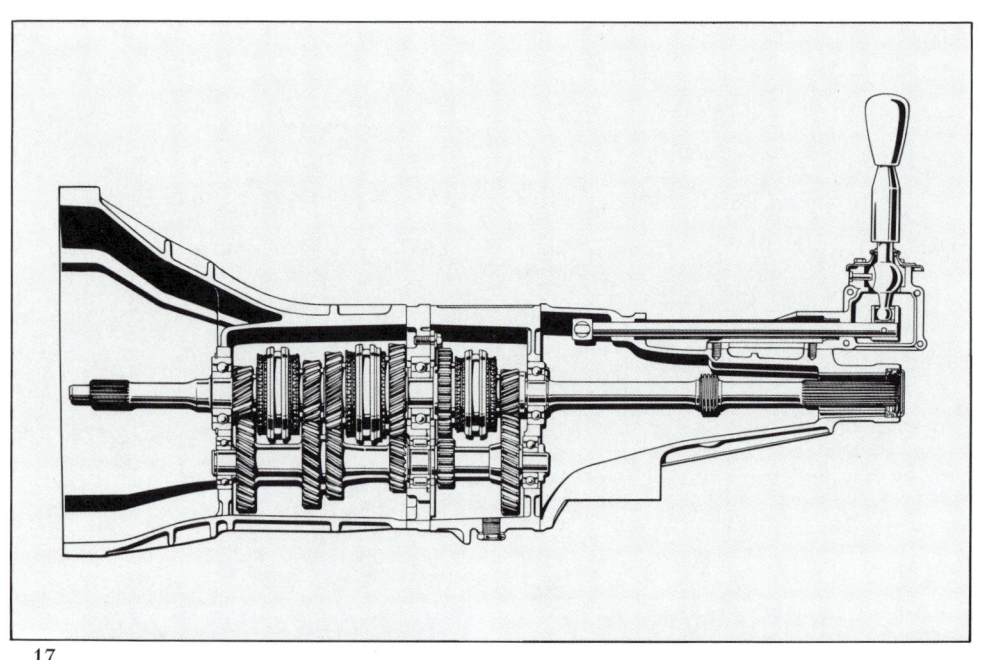

17

17 Das Getriebe ist eine Weiterentwicklung des Mazda-Typs M, der auch im RX-7 zu finden ist.

18 Das Schaltgestänge ist für kurze und präzise Betätigung ausgelegt.

19–21 Das hintere Gehäuse der Achsantriebseinheit hat lange Lenker, die über Gummiblöcke an den Unterrahmen geschraubt werden

22 Einteilige Kardanwelle mit Kreuzgelenken

23 Achsantrieb und Antriebshalbwellen

24 Computerzeichnung von Antrieb und Chassis

18

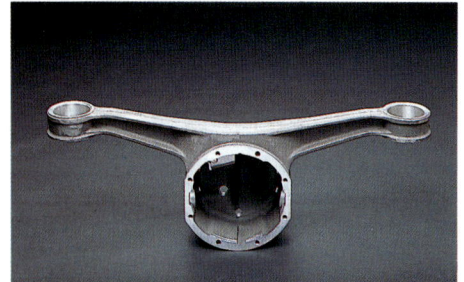

19

20

22

23

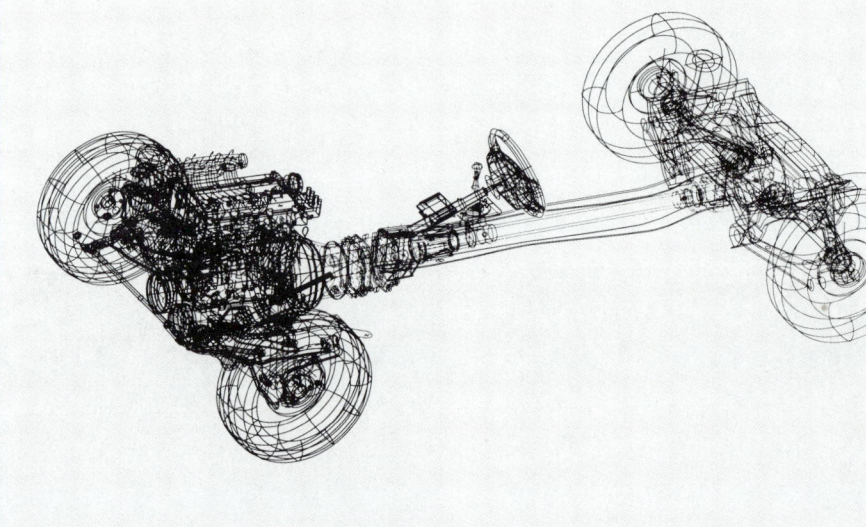

24

21

Hilfsrahmen mittels Gummilagern montiert.

Zunächst wird der Mazda MX–5 nur mit manuellem Getriebe angeboten, es wird aber, wie Hirai bestätigt, bald eine Automatikversion folgen, eine Konzession an die heutige Nachfrage nach Schaltautomaten.

Mazdas nordamerikanische PP&R-Abteilung schrieb an das Hauptquartier in Hiroshima in einem früheren Vorschlag: »Der Mazda MX–5 sollte sich so spielerisch bedienen lassen wie der 79er RX–7 und ebenso wendig und handlich sein.« Vom technischen Standpunkt aus können diese Ziele auf verschiedene Art und Weise erreicht werden. Aber die Bedeutung des ›Fahrgefühls‹ stand immer an erster Stelle, als es darum ging, Entscheidungen hinsichtlich der mechanischen Details des Wagens zu treffen. Der für das Produktprogramm zuständige Manager Hirai erinnert sich: »Die Amerikaner waren ehrlich besorgt um unsere Interpretation und unser Verständnis von ›Fahrgefühl‹ und hatten vielleicht Bedenken, daß wir bei der Ausführung stümperhaft vorgehen könnten.« Zu dieser Art Feeling trägt natürlich auch wesentlich bei, wie sich das Getriebe schalten läßt.

Norman Garrett, damals Planungsingenieur bei MANA: »Die für das Getriebe zuständigen Ingenieure und ich diskutierten nächtelang darüber, ob der 67er Jaguar in diesem Punkt beispielhaft sei oder eher ein gebrauchter BMW 733i.« Eine Kombination aus der metallischen Präzision beim Jaguar und der Geschmeidigkeit eines gut eingefahrenen BMW-Getriebes schien mithin erstrebenswert. Dem MANA-Memo war ein Diagramm beigefügt, aus dem die Getriebe und Übersetzungen verschiedener europäischer und japanischer Sportwagen und sportlicher Autos zu ersehen war. Die Botschaft war eindeutig: »Macht's besser!« In Hiroshima entwarf man also eine Reihe von Getrieben für den Mazda MX–5. Die Ingenieure in Hiroshima besaßen nicht weniger Vorstellungskraft als ihre Kollegen in Irvine und schrieben das Motto »Schalten aus dem Handgelenk« in ihr Lastenheft.

Die Kupplung besitzt eine herkömmliche Trockenscheibe mit einer Tellerfeder und einem Kugeldrucklager und wird hydraulisch betätigt. Die Kupplung mit geringem Gewicht, einem äußeren Scheibendurchmesser von 130 mm und einem inneren Scheibendurchmesser von 200 mm, kann einiges aushalten und ist dennoch so ausbalanciert und ausgewogen, daß sie schnelle Schaltvorgänge mit dem sehr kurzen und aufrecht stehenden Schaltknüppel zuläßt. Ihr Bedienungsweg ist kürzer (130 mm) und um 20 Prozent schwergängiger, als es bei normalen Personenwagen der Fall ist. Zusammen mit einem längeren Gaspedalweg (70 mm), der für eine genauere Steuerung der Drosselklappe sorgt, trägt dies zu schnellen Schaltvorgängen bei.

Das Getriebe ist ein Zwei-Wellen-Getriebe mit einer Borg-Warner-Synchronisierung aller Vorwärtsgänge und einem Dauereingriff auf den Rückwärtsgang. Ein Synchronkegel mit großem Durchmesser (65 mm) für den ersten und den zweiten Gang ist übrigens auch im Getriebe des RX–7 vorhanden.

Kupplung und Getriebe sind in einem dreiteiligen Aluminiumgehäuse untergebracht; mit einer oberen und hinteren Ausbuchtung, in der das Schaltgestänge und die Schalthebelbefestigung liegen.

Der Schaltweg beträgt weniger als 45 mm vom Leerlauf bis zum Anschlag jeden Ganges, 10 mm weniger als beim RX–7 der zweiten Generation, was zu dem angestrebten Effekt des »Schaltens aus dem Handgelenk« führt. Der zuständige Konstrukteur Toshiharu Shinmoto hätte als Vergleich lieber die längeren Schaltwege einer besonderen Sportlimousine angeführt, aber deren Namen zu nennen, wäre unfair.

Der Schalthebel selbst weist einen ausgeklügelten zweistufigen Anschlag auf. Eine berechnete Elastizität ist in die Bewegung des Schalthebels miteingebaut, um die anfängliche Bewegung abzuschwächen. Kurz bevor der Schaltvorgang beendet ist, trifft er auf einen metallischen Anschlag, wodurch ein »Klick« produziert wird. Ein weiteres Schmankerl, das bei Sportwagen lange Zeit vermißt worden war und nun wiederentdeckt wird.

Für die Schaltung wird eine einzelne starre, kurze Schaltstange verwendet. Die Stange selbst und verschiedene Komponenten des Gestänges werden mit größter Präzision maschinell hergestellt, um hervorragende Leichtgängigkeit und Direktheit zu erzielen. Das Gestänge gleitet in der Mitte des Schaltweges fast wie von selbst in die nächste Gangebene; das erlaubt schnelle Bewegungen des Schalthebels zwischen dem zweiten und dritten Gang sowie zwischen dem vierten und fünften Gang.

Die aus einem Stück bestehende Kardanwelle verbindet das Getriebegehäuse mit der Einheit des Hinterradantriebs. Ein Diffentialgetriebe mit nur 152 mm Durchmesser führte im Vergleich zu einem für einen Wagen dieser Größe sonst verwendeten Differentialgetriebe zu einer Gewichtsreduzierung von ca. 6 kg. Die weitgespannten Aufhängungsarme (600 mm) sind in die aus Aluminium bestehende hintere Hälfte des Achsantriebsgehäuses eingegossen. Die Streben sind an den hinteren Hilfsrahmen mit Gummibefestigungen montiert.

Die Halbwellen des Achsantriebs haben die gleiche Länge und den gleichen Durchmesser und besitzen zwei versetzte Befestigungen an den inneren Enden und Kugelgelenke an den Radseiten. Ein Ausgleichsgetriebe mit begrenztem Schlupf (Sperrdifferential), bei dem eine Viskosekupplung verwendet wird, wird als Extra angeboten.

Die Sache mit dem PPF

Interessanterweise war es das für das Chassis-Design verantwortliche Team, das den Vorschlag für eine separate Rahmenkonstruktion befürwortete, die Triebwerk und Achsantrieb zu einer integrierten Einheit verbindet. Damals war es Mitte Dezember 1986, also zu einer Zeit, als schon eine ganze Reihe der ersten »mechanischen Prototypen« M-1, so Mazdas Bezeichnung für Versuchsmodelle, gebaut worden war und auf ihre Zerstörung in einer Serie von Crash-Tests wartete. Die Idee der Chassis-Designer ähnelte sehr der Idee ihrer Kollegen bei Porsche und, wie Projektleiter Hirai ergänzt, bei BMW hinsichtlich des neuen Z-1-Sportwagens. Den Antrieb so zu integrieren, würde bedeuten, daß er direkter auf Fahrmanöver reagierte, und durch eine ausgeklügelte Verteilung der Anbringungspunkte würde bei schnellem Anfahren und Beschleunigen ein Druchdrehen der hintern Antriebsachsen vermieden.

Von da an übernahmen die Chassis-Designer die Aufgabe, jenen Spezialrahmen zu entwerfen und zu entwickeln, der den Namen PPF tragen sollte, wobei man sich um Design und analytische Arbeit erst später kümmerte. Ohne Zeichnung fertigte man einen Rahmen aus Aluminiumplatte. Nach zwei Wochen war einer der Versuchswagen mit dem handgemachten PPF für eine praktische Erprobung fertig. Die Entwicklungsingenieure und Fahrer erkannten sofort den Wert dieses PPF, der sich durch das Ausbleiben von Zittern, Rukkeln, Vibrieren und Lastwechselschlägen äußerte.

Mazdas Sammlung an computergestützten Strukturdaten, besonders die Finite-Elemente-Analyse (Methode zur Errechnung größtmöglicher Festigkeit bei geringstmöglicher Materialdicke), half den Designern bei der Ausarbeitung von Form und Stärke des PPF. Danach folgte eine Reihe sorgfältiger Labortests bis hin zum Bruchtest. Auf halber Strecke der Entwicklung wurde die Aluminiumplatte auf 4,5 mm reduziert, um Gewicht zu sparen. Es zeigte sich jedoch, daß stabile Verstrebungen nötig waren, um Brüche auszuschließen. Es stellte sich weiterhin heraus, daß ein schwererer spurweiter Rahmen das prompte Ansprechen des Triebwerks auf Beschleunigung und Abbremsen verstärkte. So wurde die Materialstärke wieder auf die ursprünglichen 6 mm heraufgesetzt. Weitere Bemühungen der Ingenieure zielten darauf ab, den neuen Rahmen nur 0,5 kg schwerer zu machen als für eine schmalere Spurweite nötig.

Der PPF ist eine Art Aluminiumgerüst, vergleichbar der Balkenkonstruktion eines Fachwerkhauses, das eine Verbindung zwischen Antriebs- und Achsantriebseinheit herstellt. Es liegt unter dem Wagenboden und verläuft rechts von der Kardanwelle. Es weist unterschiedliche Dimensionen und eine Perforation auf. Sein Gewicht beträgt einschließlich der Verschraubungsteile 4,9 kg. Der PPF ist fest mit dem Getriebegehäuse und der Hinterachsantriebseinheit verschraubt.

Das gesamte »Fachwerk« wird an vier Punkten befestigt: Zwei Verbundhalterungen tragen die Unterseiten des Motors auf dem vorderen Rahmen, und zwei Scherhalterungen verbinden den Träger des Achsantriebs mit dem hinteren Unterrahmen.

Ein Wunsch erfüllt sich – die Trapez-Querlenker

Takao Kijima, Mazdas Aufhängungsdesigner, wurde beim Anlaufen der zweiten Generation des RX–7 interviewt, die sein geniales und ziemlich komplexes DTSS (Dynamically Tracking Suspension System – Aufhängungssystem mit dynamischer Achsparallelstellung) besaß. Er wurde gefragt: »In welche Richtung würden Sie nun gerne arbeiten« Seine prompte Antwort: »In Richtung einfacher, klassischer und gerader Trapez-Querlenker.«

Auf einer Vorführreise stellte Produktprogramm-Manager Hirai Idee und Grundkonzept des Mazda MX–5 einer kleinen Gruppe ausgewählter Journalisten von US-Automobil-Fachzeitschriften vor. Als er gerade bei der Beschreibung der Aufhängung angekommen war und kaum das Wort »Trapez-Querlenker« ausgesprochen hatte, wurde er unterbrochen: »Querlenker der üblichen Art?« Etwas irritiert merkte Hirai, daß er eigentlich mit den heute gebräuchlichen, hochkomplizierten Konstruktionen mit all den Zwischenhebeln, Multigelenk-Lenkern sowie gekrümmten und gebogenen Lenkern gar nichts im Sinn hatte. »Einfache, klassische und gerade Trapez-Querlenker«, antwortete er.

Design und Entwicklung der Aufhängung des Mazda MX–5 in den frühen Tagen im Technischen Forschungszentrum waren ein Lieblingsprojekt des Chassis-Wunderknaben Tadahiko Takiguchi gewesen, des damaligen Managers der Chassisdesign-Abteilung und heutigen stellvertretenden General Managers der Abteilung für Technologie und Ingenieuerwesen. Das Projekt wurde dann, als der Wagen für die Produktentwicklung zugelassen war, an Kijima und seinen Helfer Fumitaka Ando weitergegeben.

Die Aufhängung des Mazda MX–5 entspricht der Beschreibung der Trapez-Querlenker (dies ist die britische Benennung für die unterschiedlich langen Dreieckslenker, die jetzt auch weitgehend in Japan verwendet werden). Der obere Lenker der Frontaufhängung aus Preßblech ist ein typischer Dreieckslenker, der untere Lenker ein geschweißter Kastenrahmentyp aus Preßstahl, der die Form eines schiefen A oder besser ein L mit ansteigender Basis besitzt. Die Gummimuffen in den Lenkerfassungen haben einen Stahlmantel zwischen dem äußeren und dem inneren Gummiring, was für eine starke Quersteifigkeit für die genaue Steuerung der Bewegung der Aufhängung sorgt, während gleichzeitig eine ausreichende Längsnachgiebigkeit für gutes Fahrverhalten besteht.

Der integrierte geschmiedete Nabenträger/Lenkpfosten gehört zu den leichtesten und kleinsten bei dieser Wagengröße, betont Chassis-Designer Ando, wodurch die ungefederten Massen bedeutend reduziert wurden. Die Halterung der Vorderachse ist eine Doppelwinkelkugelhalterung.

Die Pick-up-Punkte der Aufhängung werden vom vorderen Unterrahmen getragen, ein kompliziert geformtes, aus Preßblech hergestelltes Element, das sowohl die Vorderseite des Triebwerks als auch das Lenkgetriebe stützt. Der Unterrahmen ist fest mit der einteiligen Karosseriebodenwanne verschraubt.

Ein solider Stabilisator mit einem Durchmesser von 18 mm gehört zur Frontaufhängung und wirkt über Gelenkverbindungen auf die unteren Dreieckslenker. Die oberen Dreieckslenker der Heckaufhängung sind rechts und links austauschbar. Der äußere untere Lenker ist breiter und gleicht einem H. Er besteht aus Preßstahl und wird an einen Kastenrahmenlenker geschweißt, was für hohe Quersteifigkeit sorgt. Die untere Fläche des Lenkers ist perforiert, um die ungefederten Massen zu reduzieren.

Alle Aufhängungslenker sind aus hochfestem Stahl, der laut Ando bezüglich der Gewichtsverminderung gleich hinter Aluminium rangiert. Offensichtlich waren also bei der Entscheidung über Material und Konstruktion der Lenker auch Kostenerwägungen mit im Spiel. An den Seitenfassungen der Unterrahmen werden, wie bei der Frontaufhängung, doppelte Gummiringmuffen mit Stahlmantel verwendet.

Eine Hinterradaufhängung von Mazda wäre ohne eine gewisse selbstnachstellende Geometrie nicht komplett; das sah man bei den Allradantrieben des 323 4WD und der TTL des 626 (Doppeltrapezverbindung), bei den E-Lenkern des 929 (zwei spur- und ein sturzkorrigierender Querlenker und ein Längslenker) und bei dem komplexen DTSS des RX–7. Die Trapezquerlenker des Mazda MX–5 bilden da bis auf wenige Charakteristika keine Ausnahme. Die Designer mußten sich keine Gedanken über Veränderungen des Sturzes machen; ein bekanntes Plus der Trapez-Schrägquerlenkeraufhängung besteht in der Fähigkeit, die Berührungsfläche der Reifen mit der Straße durch eine Sturzänderung nahe Null konstant zu halten.

Somit richteten sich die Bemühungen der Designer auf eine Vorspurhaltung, die dem Wagen auch bei Manövern wie extremen Kurvenfahren und schnellen Fahrspurwechseln bessere Stabilität bringen sollte. Der Vorspurwert kommt zum Tragen, wenn die Aufhängung einer querwirkenden Kraft ausgesetzt wird und nicht bei Beschleunigungs- oder Bremsmanövern. Die Experten waren der Meinung, daß der Mazda MX–5 nach Konzept, Gewicht und Aufhängung zufriedenstellende Handhabungsmerkmale aufwies und daß allein die Reaktion auf querwirkende Kräfte noch verbessert werden müßte, um dem Wagen eine bessere Dynamik zu verleihen.

Die Gelenke der unteren H-Lenker an der Radseite, die den Aufhängungspfosten tragen, besitzen Gummiringe mit unterschiedlicher Elastizität. Das hintere Gelenk sitzt auf einer härteren Gummimuffe als das vordere. Die vordere Gummimuffe verformt sich unter Einwirkung querwirkender Kräfte stärker, was zu einem geeigneten Radvorspurwert führt. Letztendlich geht es aber hierbei nur um den Bruchteil eines Grades.

In einem früheren Entwicklungsstadium nahm man eine hintere Gummimuffe des Kugelgelenktyps, was zu einer erhöhten Vorspur führte. Somit wurde zusammen mit der Offset-Position des Gelenks des oberen A-Lenkers (vor der Achse) eine imaginäre Lenkzapfenachse gebildet, genau wie beim RX–7 DTSS, die die Vorspurgeometrie erhöhte. Diese Lösung zahlte sich indes nicht in dem erhofften Maße aus, man kann ja auch zuviel des Guten tun. Daher ersetzte man das Kugelgelenk durch eine geeignetere Gummimuffe.

Ein Stabilisator am Heck gehört zur Standardausrüstung, die solide Stange mit einem Durchmesser von 12 mm wird über Kugelgelenke an dem unteren Lenker befestigt.

Vorn finden sich McPherson-Federbeine, hinten ebenfalls Federbeine. Sie sind nicht dem Moment der Seitenschubwirkung ausgesetzt und haben somit keine Reibungsinterferenz (ein weiterer Pluspunkt der Trapez-Querlenker). Dies ermöglicht ein sensibles Ansprechen der Stoßdämpfer schon ab sehr geringen Kolbengeschwindigkeiten; beim Mazda MX–5 ab 0,03 m/s.

Fahrverhalten und Lenkpräzision profitieren davon. Die Stoßdämpfer sind mit Niedrigdruckgas gefüllt, was auch dem Fahrkomfort bei niedrigen Geschwindigkeiten zugute kommt.

Großzügige Ein- und Ausfederwege sind ebenfalls für gutes Fahrverhalten und leichtes Handling wichtig. Beim Mazda MX–5 betragen diese Maße vorne wie hinten 70 mm bzw. 100 mm.

Zahnstangenlenkung

Der Mazda MX–5 hat die direkte und präzise Lenkung eines Sportwagens – oder eines modernen Wagens -, die durch Zahnstangen bewirkt wird. Aufgrund der nach hinten verlagerten Position des Motors ist die Lenkgetriebeeinheit davor angebracht und auf der Vorderseite der Seitenteile des Unterrahmens montiert. Die Zahnstange wird statt durch einen herkömmlichen Festkontaktbügel von einem neuentworfenen Nadellagerbügel getragen. Dieser Träger reduziert die Reibung des Lenkgetriebes auf ein Minimum und fördert so einen ruhigeren und leichteren Lenkvorgang.

Die Standardlenkung ohne Servo hat ein relativ kurzes Übersetzungsverhältnis von 18:1, das von Anschlag zu Anschlag 3,3 Umdrehungen für den kleinsten Wendekreis von 9,71 m erfordert.

Die auf Wunsch lieferbare Servo-Lenkung ist drehzahlabhängig übersetzt und erfordert von Anschlag zu Anschlag 2,8 Umdrehungen. Das sportliche Lenkrad hat einen Durchmesser von nur 370 mm, vier Speichen mit Urethanfüllung und eine große Prallfläche. Zum Schutz des Fahrers im Falle eines frontalen Aufpralls ist der Mazda MX–5 mit einem Airbag (US-Version) sowie mit einer zusammenschiebbaren Lenksäule bestückt.

Die Lenkgeometrie erlaubt einen Einschlagwinkel von 5°13′ mit einem geringen Vorspurwert von 1 mm, der Sturz ist im Stand und beladenen Zustand auf eine negative 0°15′-Position (unbeladen 4°26′ und 0°24′) eingestellt. Die Hinterräder sind auf einen negativen Vorsturz von 1°30′ (0°43′ in unbeladenem Zustand) mit einer Vorspur von 3 mm eingestellt.

Das Basislayout der Aufhängung und ihre Geometrie verhindern weitestgehend, daß der Mazda MX–5 beim starken Bremsen vorn eintaucht oder sich bei heftigem Beschleunigen vorn aufbäumt und hinten in die Knie geht.

Voll in die Eisen

Die Produktplaner bei Mazdas North America R&D – MANA, später in MRA umbenannt – waren so sehr bestrebt, für das Projekt P 729 den Segen des Unternehmens zu erhalten, daß sie bei ihren vorgeschlagenen Spezifikationen eine ganze Reihe von Kompromissen eingingen. Einer davon betraf die Hinterradbremsen. Im Ingenieur-Zwischenbericht konnte MANA zufrieden vermerken, daß »MC (Mazda Corporation) sich für innenbelüftete Scheibenbremsen vorne und normale Scheibenbremsen hinten entschied. Diese sorgt unter allen Bedingungen für optimale Bremsleistung«.

Zuvor hatten die Test- und Entwicklungsingenieure für den Mazda MX–5 ein speziell ausgeklügeltes Bremssystem vorgeschlagen. Als sie jedoch sahen, wie tadellos die Scheibenbremsanlage im neuen 323 ihren Dienst erfüllte, verzichteten sie auf eine Neukonstruktion und wandten sich statt dessen einer Verbesserung des Systems zu, die durch luftdichte Hydraulikkreisläufe und mittels eines kleineren Vakuumservos bewirkt wurde. Letzteres liefert genau die richtige Dosis an Bremskraftverstärkung, um dem Fahrer das richtige Bremsgefühl zu erhalten.

Die vorderen Bremsscheiben haben einen Durchmesser von 236 mm und eine Dicke von 18 mm. Die hinteren Scheibenbremsen haben einen Durchmesser von 231 mm und sind 9 mm dick. Der vordere Bremssattel ist hinter der Radachse montiert, der hintere liegt vor der Achse.

Zur Standardausrüstung des Bremssystems gehört ein 203-mm-Bremskraftverstärker. Es handelt sich um ein Zweikreis-Bremssystem, getrennt für Vorder- und Hinterräder. Der Kreislauf für hinten ist durch ein Proportionalventil druckreguliert, um verfrühtes Blockieren der Hinterräder zu verhindern. Produktprogamm-Manager Hirai weiß sehr wohl um die Vorteile eines Anti-Blockier-Bremssystems, und er ließ speziell für den Mazda MX–5 ein ABS entwickeln. Zum Serienanlauf wird es noch nicht angeboten, soll jedoch später als Extra gegen Aufpreis zu haben sein.

Die Feststellbremse wirkt mechanisch auf die hinteren Bremsscheiben und stellt sich automatisch nach.

Leichtes Schuhwerk

Als es im März 1987 in Amerika zur Bewertung des endgültigen Kunststoffmodells kam, wurde das Räder-Design von einem Vertreter der Marketing-Abteilung heftig kritisiert. Projektleiter Hirai reagierte darauf, indem er vorschlug, Alternativ-Vorschläge zu unterbreiten. Daraufhin erhielt er eine ganze Sammlung mit Fotografien von stilvollen Rädern.

Diese gingen an Chef-Designer Shunji Tanaka, der sieben verschiedene Skizzen anfertigte, die zwar neue Merkmale aufwiesen, aber immer noch Tanakas charakteristische Handschrift zeigten. Die Design-Entwürfe wurden dann an einen Speziallieferanten weitergeleitet, damit er sie fachmännisch daraufhin überprüfe, ob diese Entwürfe praktikabel und funktional seien, wobei das Prinzip Leichtgewicht der Hauptaspekt war. Anscheinend jedoch hatten die sieben Wunderwerke des Räderdesigns hie und da ihre Tücken, denn die Antwort des Spezialisten war ein trockenes »Nein«. Mit ihren komplizierten Formen würden sie nie das angestrebte Gewichtslimit erreichen.

Dieses Urteil enthielt jedoch eine Vorbehaltklausel, wonach einer der Entwürfe durchaus leicht genug ausfallen könnte, wenn man eine der acht Speichen entferne. Hirai und Co. stimmten dem augenblicklich zu und schufen damit ein klassisches und zugleich neues Design mit sieben Speichen. Dadurch sparte man 300 Gramm. Verglichen mit dem Modell 323, dessen Rad bei gleicher Größe der Reifen 6,3 kg wiegt, besitzt hier jedes Rad aus Aluminiumguß im Format 5,5 J × 14 ein Gewicht von 5,6 kg. Die Grundausführung des Mazda MX–5 ist allerdings mit einem Satz Räder aus Preßstahl ausgestattet.

Mazdas Chassis-Ingenieure beauftragten also den führenden Reifenhersteller in Japan damit, auf eine entsprechende Gewichtsreduzierung bei der Entwicklung eines Pneus für den Mazda MX–5 zu achten. Außerdem sollte der Reifen in einigen Kriterien besser sein als der bekannte Potenza RE36 von Bridgestone und die gleiche Griffigkeit und Handhabungsleichtigkeit wie der RE36 aufweisen, der unter den Hochleistungsreifen zu den Besten zählt. Fahrkomfort und Leichtgewicht waren auch wichtige Parameter. Die Chassis-Leute bei Mazda wollten, daß die Reifen mit einem Limousinen-ähnlichen Druck von 1,8 kg/cm² liefen, ohne dabei gegenüber dem RE36 an Handlichkeit und Spurhaltefähigkeit einzubüßen. Zu der Zeit, als dieses Buch verfaßt wurde, hatten sowohl Bridgestone als auch Dunlop alle diese Bedingungen erfüllt, andere sollten folgen. Diese Reifen sind speziell für den Mazda MX–5 entwickelt worden. Bridgestone gibt seinem Typ keinen fantasievollen Namen, Dunlop wird diesen Reifen als Variante des SP Sport bezeichnen. Der Reifen wiegt 7,5 kg, der RE36 dazu im Vergleich 8,15 kg.

Das Ersatzrad, das zur Standardausrüstung gehört, ist ein platzsparender T115/70D14 Notreifen auf einem 4t×14-Stahlrad. Er ist im Kofferraum über dem Kraftstofftank plaziert, der über dem Achsantrieb sitzt. Das

Notrad ist dort sicher nicht besonders gut zugänglich, aber hinsichtlich einer optimalen Gewichtsverteilung durchaus richtig am Platz, gilt doch für Hirai die Devise: Soviel Gewicht wie möglich zwischen die Achsen!

Die Karosserie – Hirais Herzensanliegen

Mazda baut heute Autos mit außergewöhnlich steifen Karosserien. Die Meisterschaft des Unternehmens bei Design und Herstellung von Karosserien ist in Japan gut bekannt. Findet dort doch eine Art »Wettlauf um die beste Festigkeit der Karosserie« statt.

Der Mazda MX–5 ist der erste Serienwagen von Mazda, der nur als offenes Modell konzipiert und entwickelt wurde. In dieser Zeit der nachträglich »enthaupteten« Coupés und Limousinen gehört er zu den wenigen Ausnahmen seiner Art. Projektleiter Hirai ist stolz darauf, daß die Karosserie unter Einsatz modernster Computeranalyse-Technologien des Unternehmens entwickelt wurde.

Mazdas Analyseprogramm wurde seit seiner Konzeption als GNC-1 (Geometrischer Modellbau und Numerische Steuerung) im Jahre 1979 ständig verfeinert. Mittlerweile geht es unter dem Namen GNC-2 in seine zweite Phase und wird bald in die dritte eintreten. Bei der Dynamischen Motoranalyse wird eine Testkarosserie auf ein Schüttelgestell gesetzt und Vibrationen verschiedener Frequenzen und unterschiedlicher Heftigkeit ausgesetzt, die Biege- und Verdrehwirkungen ausüben. Die Belastungsverteilung und Verformungen der Karosserie unter Last werden dynamisch und optisch auf dem Computerbildschirm dargestellt. Solche Dynamiktests und Analysen sind informativer als statische Untersuchungen.

Das Programm Mazda MX–5 DMA war das breitangelegteste und ausführlichste, das Mazda jemals durchgeführt hat, erzählt Hirai. Es begann mit einem analytischen Kurzprogramm für das Versuchsmodell mit 1350 Modalpunkten für die Belastungsmessung und wurde dann auf eine Analyse mit 3850 Punkten gesteigert. Dieses Verfahren wurde am endgültigen Prototyp wiederholt, es begann mit einer 1700-Punkte-Analyse, dann folgte eine Analyse mit 6800 Punkten. Letztendlich wurde die Rekordzahl von 8900 Punkten gemessen und analysiert.

Die Finite-Elemente-Analyse und DMA waren die größten Hilfen bei der Entwicklung einer außergewöhnlich verwindungssteifen Karosserie, die gleichzeitig leichtgewichtig ist. Diese beiden Tugenden sind jedoch nicht unbedingt von Hause aus miteinander verbunden. Hirotaka Tachibana, der leitende Manager und ein äußerst fähiger Entwicklungsingenieur und Fahrer, legte Priorität auf die Starrheit der Karosserie, um das Potential des Chassis voll ausschöpfen zu können. Da er für die Versuchsmodelle und die Entwicklung bis zur Feinform zuständig war, alamierte ihn der Plan der Analysegruppe, die von Hirai unterstützt wurde, die Karosserie besonders leicht zu halten. Tachibana vertraute lieber seinen eigenen Analytikern unter der Leitung von Yoichi Shibuta, und er glaubte auch fest an die mathematischen Modelle, die den Wagen schneller in die Serienproduktion und somit auf den Markt bringen würden.

Die Japaner mögen für ihre Ruhe, ihre Bescheidenheit oder auch ihre Unergründlichkeit bekannt sein, doch Hirai wie Tachibana stehen stets voll hinter ihren Überzeugungen – und hinter ihren Leuten. Sie befanden sich mithin auf Kollisionskurs. Zusammenstöße unter Ingenieuren und Mitarbeitern bei diesem besonderen Projekt waren unvermeidlich gewesen, aber nie kam es zu so einer explosiven und höchst kritischen Auseinandersetzung wie bei diesem Problem.

Der Knall war so heftig, daß er das Ohr des leitenden Direktors Michinori Yamanouchi erreichte, bei Mazda für die Gesamtentwicklung zuständig. Yamanouchi bestellte jeden einzelnen zu sich. Zu Tachibana sagte er: »Hirai ist ein außergewöhnlicher leitender Manager, ein Organisationstalent, einer der besten analytischen Köpfe unseres Unternehmens und vor allem eine entschlossene, treibende Kraft eines Projekts, das auf die Serienproduktion zusteuert und in das eine große Menge Geld investiert wurde.«

Zu Hirai sagte er: »Tachibana besitzt einen großen Wissens- und Erfahrungsschatz auf dem Gebiet der Hochleistungswagen, seine Leistungen als leitender Entwicklungsingenieur schließen auch den RX–7 ein. Er genießt unter seinesgleichen und Außenstehenden (einschließlich der Automobiljournalisten) große Hochachtung, hat mit die besten Ideen in Japan, und vor allem ist er ein Enthusiast.«

Yamanouchi schloß mahnend: »Setzt Euch zusammen und verwirklicht das gemeinsame Ziel, den Mazda MX–5. Sollte einer von Euch immer noch der Meinung sein, daß die Automobilwelt für beide zu klein ist, dann muß derjenige von diesem Projekt zurücktreten.« So wurde der Streit auf japanisch-höfliche beigelegt, die gegenseitige Achtung der beiden großen Ingenieure füreinander erneuert und das Projekt dynamischer betrieben als je zuvor.

Der rührige Hirai drängte bei den Karosseriedesignern noch stärker darauf, die angestrebte Gewichtsverringerung zu realisieren. Seine Lieblingsfrage an die jungen Ingenieure lautete: »Wieviel Ballast versteckt ihr?« Einem der Ingenieure ging diese ständige Nachfrage derart auf die Nerven, daß er eines Tages zusammenpackte, seiner Heimabteilung (jeder Designer ist einem bestimmten Projekt zugeteilt) Bericht erstattete, sich frei nahm und nach Hause ging. Dies ist für die sehr disziplinierte japanische Gesellschaft äußerst ungewöhnlich, zeigt aber deutlich, wie fest der Projektleiter entschlossen war, das geringstmögliche Gewicht für seinen Sportwagen zu erreichen.

Die Struktur der Mazda MX–5-Karosserie ist eine geschweißte Konstruktion aus Stahl. Die Teile, die die Hauptlast tragen, sind so gerade ausgeführt, wie es das Layout zuläßt. Die Karosserie besitzt einen Kardantunnel mit großem Querschnitt, der als »Stärkungsmittel« für die Karosserie fungiert. Zusammen mit den Türschwellern bildet der mittlere Abschnitt der Karosserie quasi eine robuste Doppelponton-Struktur. Bei der Karosserie eines offenen Wagens sind die Trennschotte zwischen Passagierzelle und Motor- bzw. Kofferraum und die Teile, die die A-Streben der Windschutzscheibe tragen, besonderer Belastung ausgesetzt. Der Abschnitt, der auch die Türscharniere trägt, ist eine Dreifachkastenkonstruktion. Viele Verstärkungselemente unterstützen die Rahmen- und Balkenverbindungen an der Karosserieschale.

Die vorderen und hinteren Längsrahmen sind in Höhe der Stoßstangen angebracht, so daß sie sehr gut der Gesamtsteifheit dienen. Die Vorderrahmen sind nach hinten verlängert und an dem Mitteltunnel und der Trennwand befestigt. In gleicher Weise sind die hinteren Rahmen an dem Kardantunnel und der hinteren Trennwand befestigt. Noch mehr strukturelle Starrheit wurde durch einen dritten Querträger, eine Doppelstrebenkonstruktion, erreicht.

Zwecks Festigkeit und Leichtigkeit hat man für die Karosserie weitgehend hochfestes Stahlblech verwendet, das 16 Prozent des Gesamtgewichts ausmacht. Die Ingenieure entschieden sich für eine Aluminium-Motorhaube, laut Hirai ein »Kostenluxus«; ihr verstärktes Rahmenwerk wurde mit Hilfe des GNC-2 entworfen. Der Kofferraumdeckel besteht aus dünnem Stahlblech, auch er wurde mit dem GNC-2 entworfen, und sein Öffnungsmechanismus verfügt über eine gewichts- und platzsparende Verdrehungsfedervorrichtung. In den Türen sitzen röhrenförmige Aufprallschienen, die

wenig wiegen.

Hirai hätte vorn gerne Kunststoffkotflügel gesehen, aber wie sein Vorgänger Kato bei früheren Versuchen mit dem P 729, sah auch er schließlich ein, daß die Kosten dagegensprachen. Für die Stoßfänger-Konstruktion nahm man diesen Kostennachteil in Kauf. Die Prallflächen bestehen aus Kunststoff und fügen sich harmonisch in den Gesamtstil mit seinen ruhig fliessenden Linien und Oberflächen ein. Die vordere Stoßstange ist aus schlagfestem, verstärktem Urethan (R-RIM), das im Reaktionsspritzguß- oder RIM-Verfahren hergestellt wird. Das hintere Exemplar ist aus Polypropylen. Beide Stoßfänger sind verstärkt mit hohlgegossenen Kunststoffelementen, die Aufprallenergie absorbieren und leicht sind. Die Stoßstangen sind mit Polykarbonat-Haltern an der Karosserie befestigt. Das Stoßstangensystem ist so konstruiert, daß es den Aufprallvorschriften der USA bei 2,5 m/h (enstpricht 4 km/h) genügt.

Ein Meisterstück der Dachdecker

»Ein mit einer Hand zu betätigendes Klappverdeck ohne Innenverkleidung« nennt Mazda das Softtop des Mazda MX–5. Dennoch übertrifft das Verdeck bei weitem die Wetterschutzeigenschaften früherer Roadster-Dachkonstruktionen. Es schließt (wasser-)dicht und zugluftfrei mit dem oberen Rahmen der Windschutzscheibe und den Kurbelseitenfensteroberkanten ab.

Ein solider Front-, stabile Seitenrahmen und drei Querstreben sorgen für festen, straffen Halt des Stoffverdecks. Nach Lösen zweier Einraststifte läßt es sich an einem Zentralhebel mühelos auch im Sitzen wegklappen und entsprechend einfach wieder schließen.

Das Heckfenster aus Vinylchlorid läßt sich entfernen, damit es flach und separat vom gefalteten Stoffverdeck abgelegt werden kann, was die Lebensdauer erhöht und das Risiko des Verkratzens mindert. Es kann auch bei hochgezogenem Top abgelöst werden, damit zusätzlich Luft in den Innenraum strömt. Das Stoffverdeck wiegt knapp 15 kg, also ungefähr die Hälfte des verkleideten Klappverdecks des 323-Cabrios.

Als Extra gibt es ein Hardtop aus Kunststoff. Mit Hilfe des Nastran-Computeranalyseprogramms konnte es aus einem Stück gefertigt werden. Es wird an sechs Punkten sicher befestigt und verstärkt nachhaltig die Steifigkeit der Karosserie. Das abnehmbare Top wiegt – komplett mit Heckscheibe – 20 kg, also laut Mazda weniger als die Hälfte gegenüber dem Top des Mercedes SL.

MX-5: Technische Daten

Abmessungen (mm)

Länge über alles	3948
Breite über alles	1676
Höhe über alles	1224
Spurweite vorn	1410
Spurweite hinten	1428
Radstand	2265
Bodenfreiheit	11,5 cm (min)

Gewicht (kg)

Leergewicht	955
Zul. Gesamtgewicht	1190
Zul. Achslast vorn	620
Zul. Achslast hinten	645
Zuladung	235
Leistungsgewicht	8,2 kg/PS

Motor

	4-Zylinder-4-Takt-Ottomotor in Reihenbauart; Leichtmetallzylinderkopf mit dachkammerförmigen Brennräumen; V-förmig angeordnete Ventile (zwei Einlaß-, zwei Außlaßventile pro Zylinder). Ventilsteuerung über Tassenstößel mit hydraulischem Ventilspielausgleich. Zwei obenliegende Nockenwellen über Zahnriemen angetrieben. 5fach gelagerte Kurbelwelle, Motor vorn längs eingebaut.
Bohrung×Hub (mm)	78,0×83,6
Hubraum (cm³) (Steuerformel)	1598
Verdichtungsgrad	9,4
Leistung (kW/PS/min⁻¹)	85/115/6500
max. Drehmoment (Nm/min⁻¹)	135/5500

Getriebe/Typ
5-Gang-Getriebe

1. Gang	3,14
2. Gang	1,89
3. Gang	1,33
4. Gang	1,00
5. Gang	0,81
Rückwärtsgang	3,76
Ausgleichsgetriebe	4,30

Lenkung/Typ

	Leichtgängiges Zahnstangenlenkgetriebe mit motordrehzahlabhängiger Servounterstützung; durch Kreuzgelenke verbundene, energieabsorbierende Sicherheitslenksäule.
Wendekreis ⌀ (m)	9,7

Bremsanlage

Betriebsbremse	Hydraulische Vierradbremse, diagonal geteiltes Zweikreisbremssystem mit Schwimmsattelscheibenbremsen (vorn innenbelüftet); Bremskraftverstärker, Bremskraftminderer mit Umschaltpunkt für die Hinterräder.
Scheiben vorn ⌀ (mm)	235
Scheiben hinten ⌀ (mm)	231
Feststellbremse	Auf die Hinterräder wirkend mit mechanischer Übertragungseinrichtung auf die Hinterräder, Handbremshebel zwischen den Vordersitzen.

Kupplung

Typ	Einscheibentrockenkupplung mit Membranfeder
Kraftübertragung	Auf die Hinterräder (Heckantrieb)

Radaufhängung

vorn	Einzelradaufhängung an jeweils zwei Dreiecksquerlenkern geführt (»double wishbone suspension«); Feder-Stoßdämpfereinheit ohne Radführungsfunktion, Querstabilisator.
hinten	Einzelradaufhängung an jeweils zwei Dreiecksquerlenkern geführt (»double wishbone suspension«); Feder-Stoßdämpfereinheit ohne Radführungsfunktion, Querstabilisator

Räder

Felgentyp	Leichtmetallräder
Felgengröße (Standard)	5½ J × 14
Reifengröße (Standard)	185/60 R 14 82H

Karosserie

Konstruktion	Selbsttragende, biegesteife und verwindungsfreie Ganzstahlkarosserie mit energieabsorbierender Front- und Heckpartie
Sitzplätze	2
Kofferraumvolumen (VDA)	135 l

Kraftstoffsystem

	Elektronisches Einspritzsystem, Typ »L-Jetronic«
Kraftstofförderung	durch elektrische Kraftstoffpumpe
Tankanordnung	Am Fahrzeugboden vor der Hinterachse
Kraftstoff	Normal unverbleit
Kraftstoffverbrauch (l/100 km) Stadtzyklus	9,6
bei 90 km/h	6,1
bei 120 km/h	7,8
Tankinhalt (l)	45

Fahrwerte

Höchstgeschwindigkeit (km/h)	195
Beschleunigung (0–100 km/h [s]) (Herstellerangabe)	8,7

Motor-Schmiersystem

	Druckumlaufschmierung mit Sichelpumpe und Wechselölfilter im Hauptstrom
Ölfüllmenge ohne Filter (l)	3,2

Heizung und Lüftung

	Zugfreies Be- und Entlüftungssystem, Mischluftheizung mit 4-Stufen-Radialgebläse; Anti-Smog-Schaltung.

Kühlsystem

	Überdruck-Flüssigkeitskühlung mit Umwälzpumpe, thermostatisch gesteuertem Elektrolüfter
Füllmenge (l)	6,0

Elektrische Anlage

Zündanlage	Kontaktlose Transistorzündung mit elektrischer Zündsteuerung
Batterie	32 Ah
Drehstromgenerator	12 V/60 A

(Stand: März 1990)

72

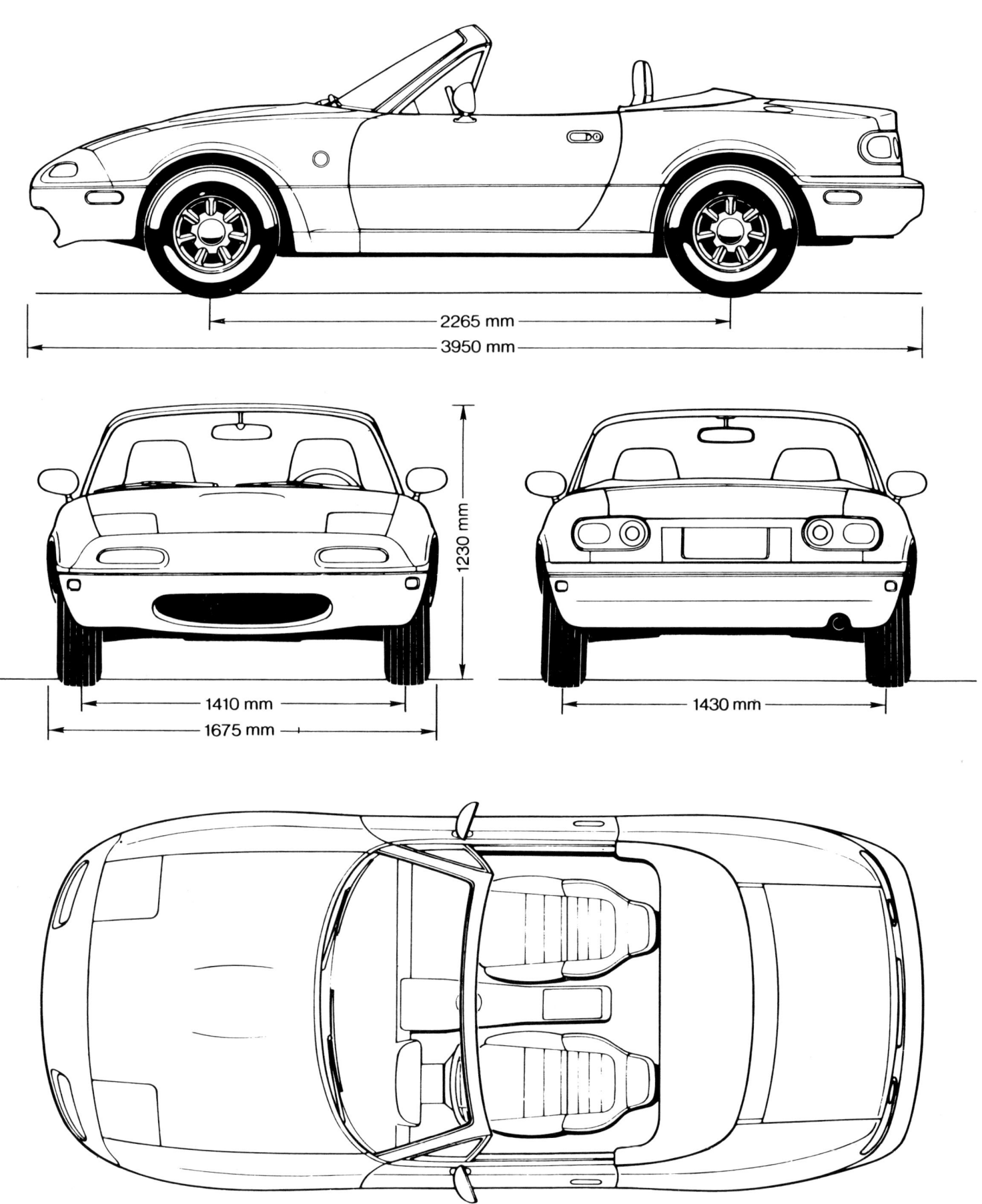

2265 mm

3950 mm

1230 mm

1410 mm

1675 mm

1430 mm

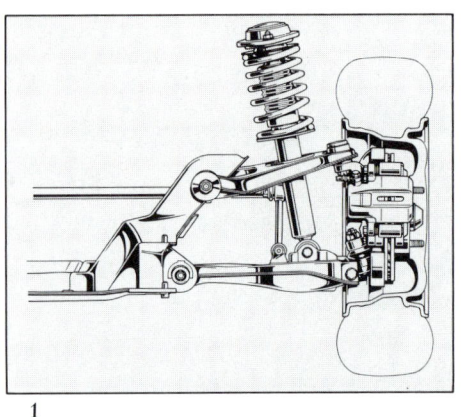

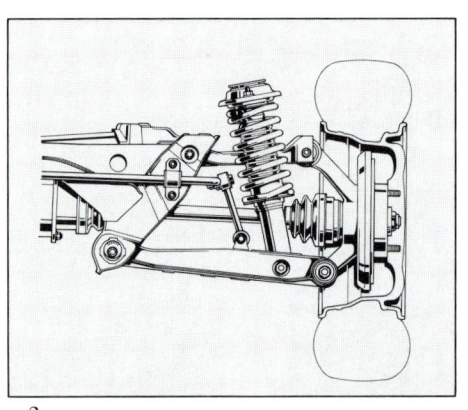

1+2 Einzelradaufhängung durch klassische Doppelquerlenkerradaufhängung, sowohl vorne als auch hinten Dreiecksquerlenker unterschiedlicher Länge

3 Die Vorderradaufhängung von vorne betrachtet. Zahnradstangenlenkung (hier auf dem Foto mit Servoeinrichtung), vor dem unteren Rahmen montiert. Vorne innenbelüftete Scheibenbremsen.

1

2

3

4

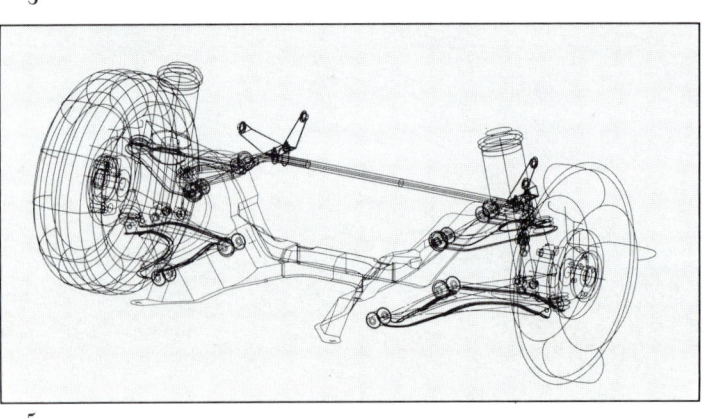

5

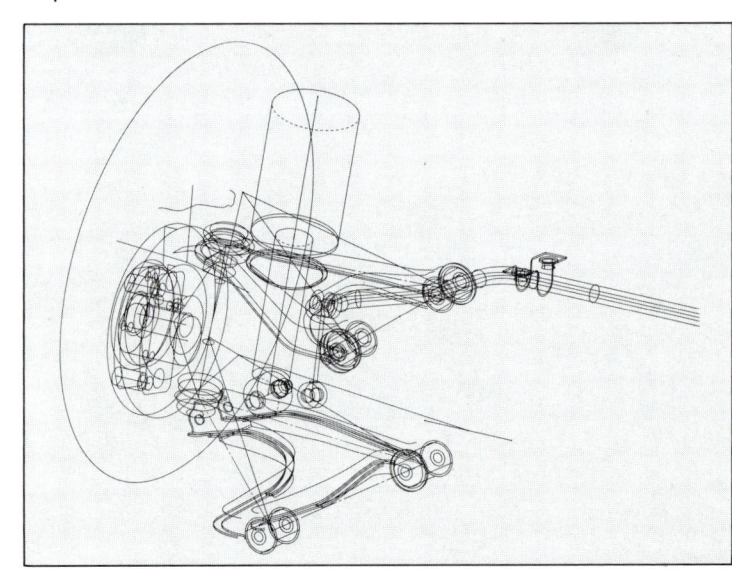

6

4 Die Vorderradaufhängung von hinten betrachtet. Der Oberlenker ist der eigentliche Querlenker in »A«-Form, während der Unterlenker eher die Form eines L hat. Der Stabilisator ist an diesem Modell nicht zu sehen. Die Aufhängung und das Getriebe werden auf diesem Unterrahmen gelagert, der seinerseits fest mit der Karosserieschale durch Bolzen verbunden ist.

5+6 Computerzeichnungen der Vorderradaufhängung mit dem angebrachten Stabilisator

74

7 Die Hinterradaufhängung mit den Scheibenbremsen. Die konzentrische Feder-Dämpfer-Einheit wird hinten auf der Achse montiert. Der Unterlenker in Form eines H besitzt doppelte Außengelenke mit Gummimuffen in verschiedener Größe, um den stabilisierenden Vorspureffekt bei Querbeschleunigung zu erzielen.

7

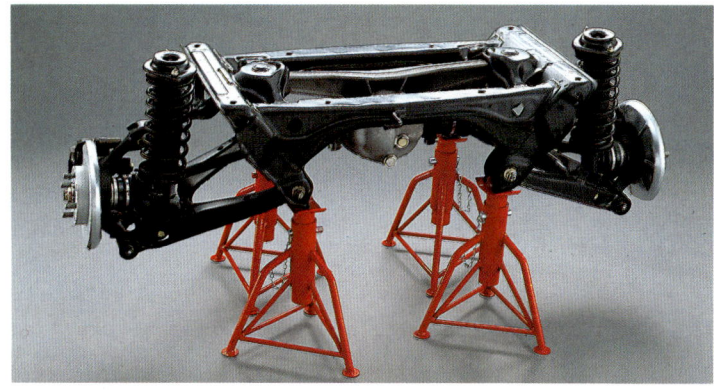

8

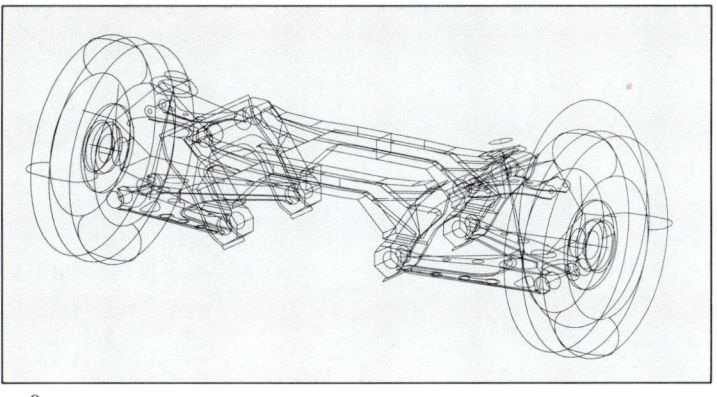

9

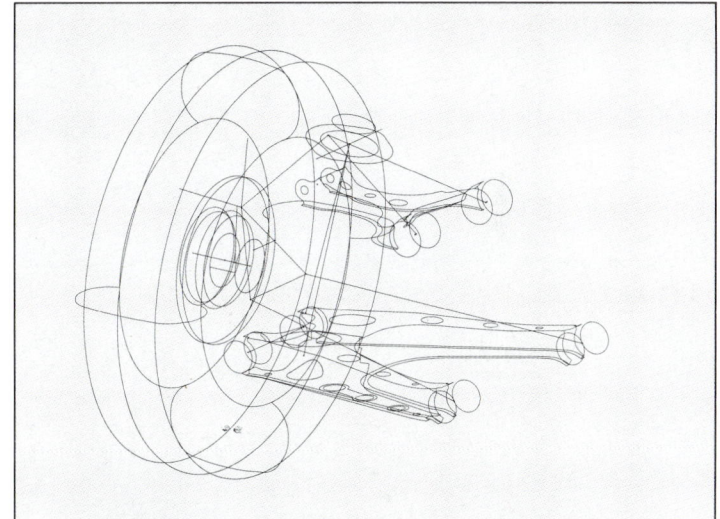

10

8 Der solide gebaute Unterrahmen trägt die Aufhängungspunkte und das Differential. Wie an der Vorderseite ist der hintere Unterrahmen direkt durch Bolzen an der Karosserie befestigt.

9+10 Computerzeichnungen der Hinterradaufhängung.

11+12 Aufprallschutz am Lenkrad

13 Belüftete Scheibenbremsen mit einem Durchmesser von 236 mm vorne. Scheibenbremsen mit einem Durchmesser von 251 mm hinten.

14 8-Zoll-Bremskraftverstärker gehören bei dem Bremssystem zur Standardausrüstung

15 Die Bereifung des Mazda MX–5: 185/60 R14 H Gürtelreifen auf 5,5 J-Rädern. Das Rad aus Aluminiumguß hat nur sieben Speichen, um filigraner zu wirken.

11

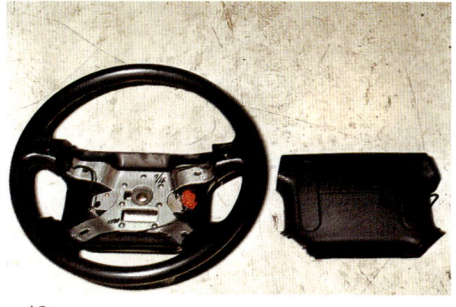

12

13

14

15

16 Die Eigenschaften der integrierten Karosserieschale gerade durch die wichtigsten Längsteile mit strategisch günstig angebrachten Querverbindungen und Drehpunkten bewirken eine außergewöhnliche Verwindungssteifheit
17 Hauptteil des Vorderrahmens
18 Mazdas fortschrittliches GNC-2 Computer-Analytik-Programm wird voll ausgeschöpft. Dies ist eine frühe Analyse des Versuchswagens mit abgekürzten 1350-Input-Modalpunkten.

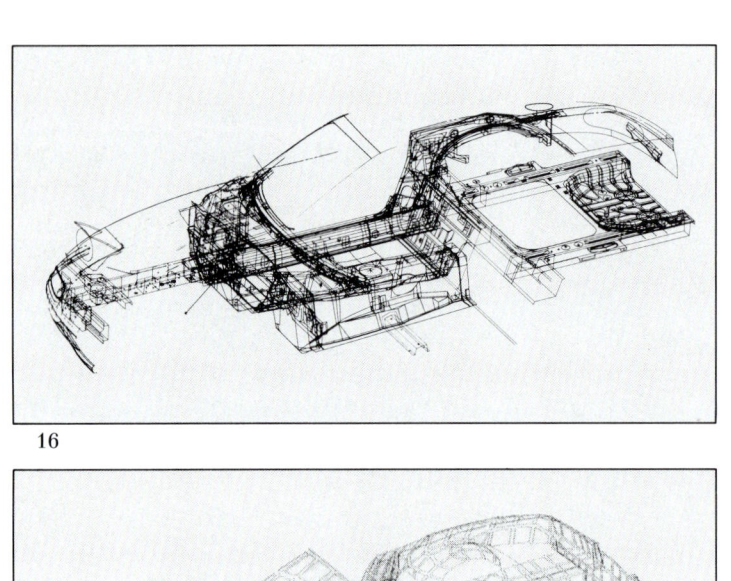

16

17

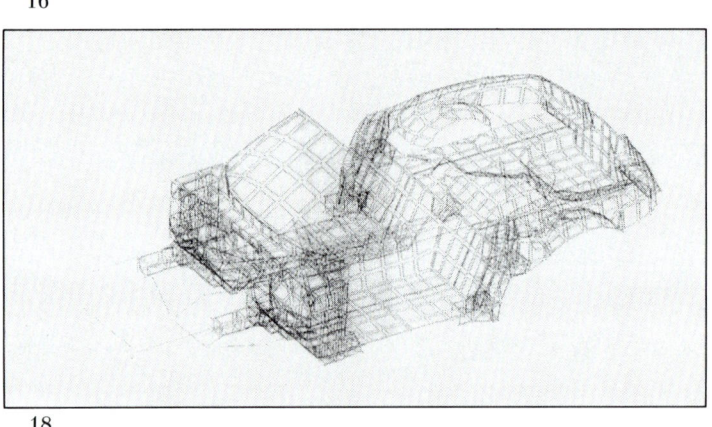

18

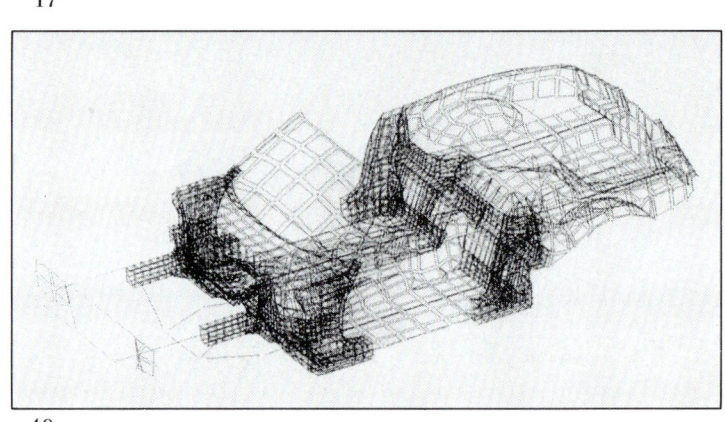

19

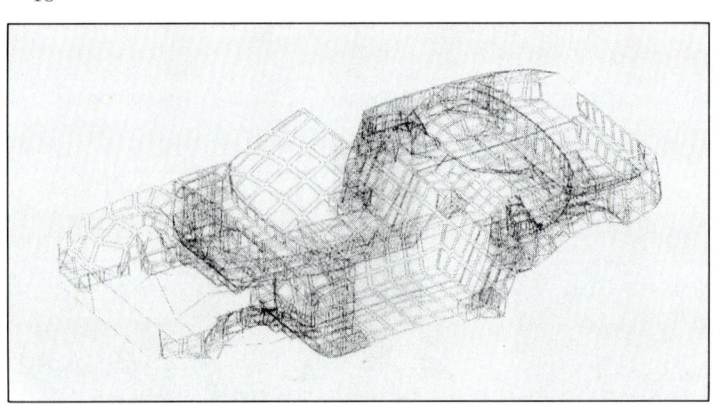

20

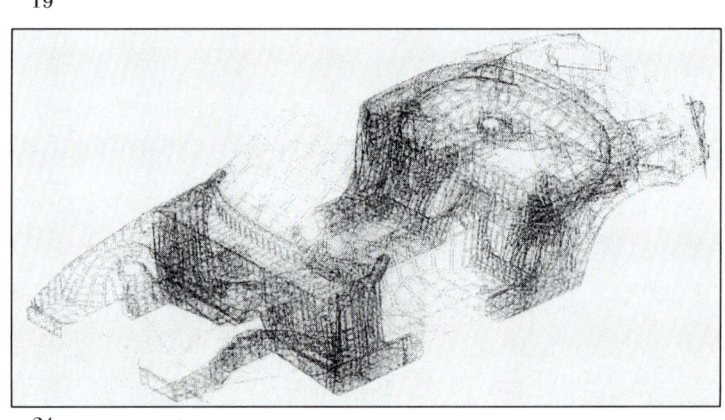

21

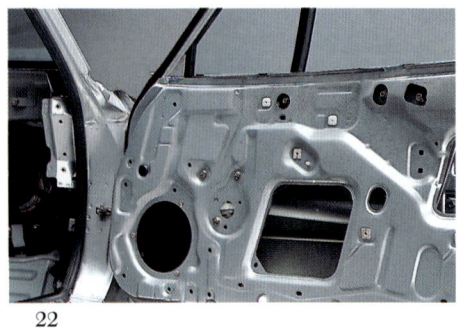

22

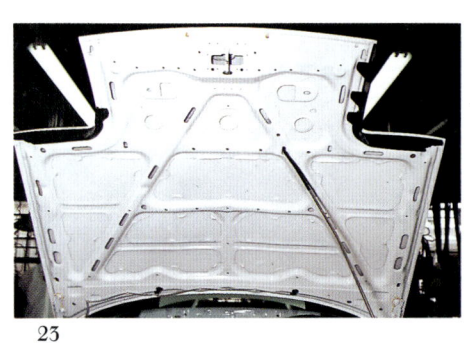

23

24

19 Detailliertes, analytisches Modell des frühen Testmodells mit 3650 Punkten.

20 Der erste Prototyp (S-1 laut Mazdas interner Bezeichnung) wurde in dieser abgekürzten Form mit 1700 Modalpunkten analysiert.

21 S-1, dessen Modalpunktzahl sich bis auf 6800 steigerte. Schließlich wurde ein Rekord von 8900 Punkten erzielt, was für Mazda die höchste jemals erreichte Punktzahl bedeutete; zweifellos eines der besten Analytikprogramme der Welt.

22 Die Röhrenverstrebung in der Tür ist fest und leicht

23 Die Aluminiumhaube gehört zur Standardausrüstung

24 Der Kofferraumdeckel aus leichtem Stahl

25 Vorderer Stahlkotflügel

26 Der innere Kern der Stoßstange mit gewölbter Form ist leicht und stoßabsorbierend

27 Der tiefe Kraftstofftank aus Stahl hat eine Kapazität von 45 Litern.

28 Der Kraftstofftank ist vor der Hinterachse angebracht, er liegt über Kardanwelle und PPF

29–31 Das Stoffverdeck läßt sich leicht falten und ist mit einer Hand zu bedienen. Eine praktische Ablage ist hinter den Sitzen angebracht.

32 Computerzeichnung des Stoffverdeckrahmens.

33 Die wartungsfreie, sehr kompakte Batterie ist im Kofferraum untergebracht, um eine bessere Gewichtsverteilung zu erzielen.

25

26

27

28

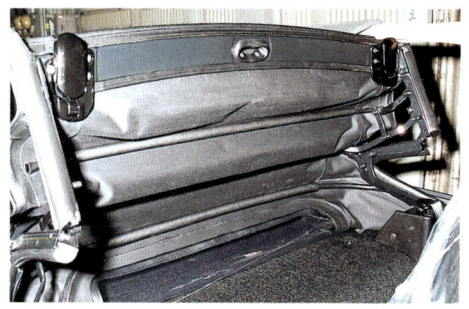

29

30

31

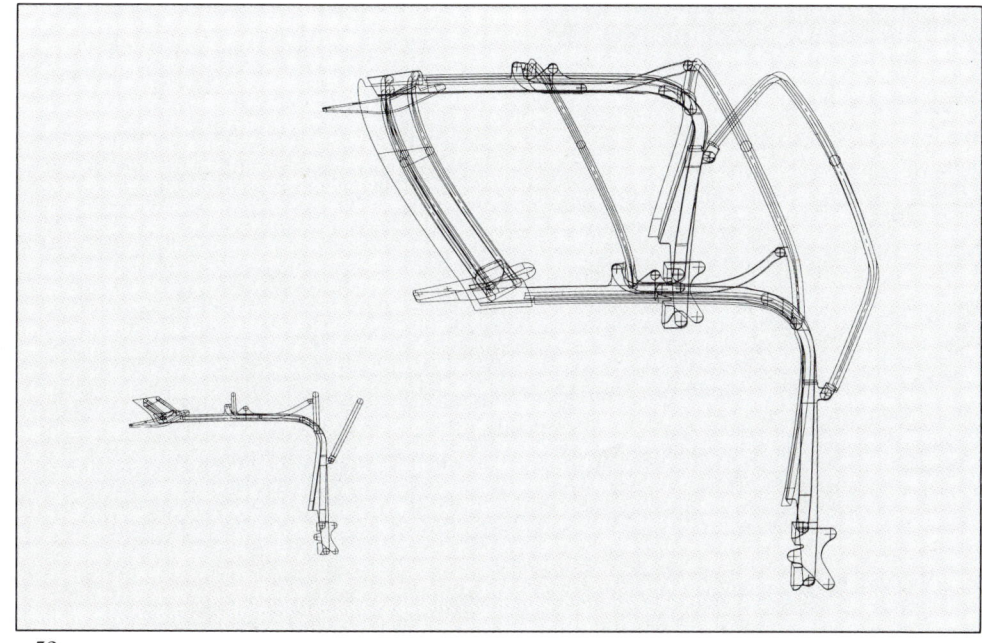

32

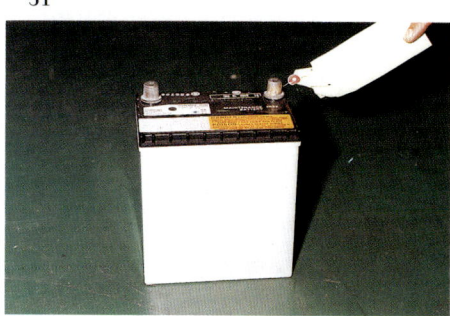

33

Der Komfort eines modernen Sportwagens

Die Sorgfalt, die man auf das Design der Innenausstattung des Mazda MX–5 verwendete, kennzeichnete auch die übrigen Arbeiten. Auch hier hießen die Schlüsselworte stets Funktion und Leichtigkeit. Aber Fahrer und Mitfahrer verlangen heute von einem modernen Sportwagen Komfort und Bequemlichkeit von einem Niveau, das dem einer typischen, kleinen sportlichen Limousine oder eines Coupés kaum nachsteht.

Das Interieur ist völlig durchgestylt, nacktes Blech beleidigt nirgends die Augen. Die Materialien wurden unter den Gesichtspunkten Leichtigkeit, Haltbarkeit und Aussehen ausgewählt. Die Optik kann sich mit seinen grauschwarzen Tönen vielleicht nicht mit den Standards bei Mercedes, BMW oder Jaguar messen, aber das Interieur wirkt dennoch durchdacht und stilvoll.

Die Sitze mit hochgezogener Rückenlehne zählen zu den Leichtgewichten, jeder wiegt nur 24,1 kg. Als Hirai gefragt wurde, wo denn die 100 Grammm herkämen, gab er zur Antwort: »Das ist das Gewicht der Befestigungsbolzen. Wir haben das Gewicht so knapp bemessen, jetzt können wir auch bis aufs letzte Gramm genau sein.«

Bei der Sitzkonstruktion orientierte man sich an den Sitzmöbeln eines früheren Alfa Romeo-Spiders, weil sie auch heute noch im Prinzip für einen Sportwagen mittlerer Preisklasse taugen, ohne freilich die Gewichts- und Kostennachteile des Alfa-Gestühls mit zu übernehmen. Der Sitz hat eine weiche Oberschicht mit einer härteren Innenpolsterung, was für Komfort und guten Halt gleichermaßen sorgt.

Interieur-Ingenieur Toshiteru Yoshimura ist froh, daß man das Thema des T-förmigen Armaturenbretts wieder aufgenommen hat, ein Markenzeichen der frühen Sportwagen von Mazda, des Cosmo 110S und des R100 Coupé. Auch hier bemühte man sich um geringes Gewicht. Das Armaturenbrett mit aufgesetzten Polsterungen ist aus einem Stück geformt, so daß herkömmliche Stahleinlagen und Befestigungsbolzen entfielen.

Produkt-Manager Hirai war mit dem Aussehen der Sonnenblenden nicht zufrieden, die von der Frontscheibe abstanden, sobald das Top zusammengefaltet war. So wandte er sich an die Innenraum-Ingenieure und meinte, sie sollten die Sonnenblenden wie Makrelen formen, die – getrocknet und ausgenommen – in Japan ein beliebtes Nahrungsmittel sind. Die Sonnenblenden lassen sich horizontal falten und verstecken sich gut hinter dem Rahmen, wenn sie nicht gebraucht werden, und sie öffnen sich wie getrocknete Makrelen. Ein netter Gag.

Yoshimura und seine Kollegen sind mit der Innenausstattung zufrieden, besonders mit der erreichten Gewichtsreduzierung: sie liegt um etwa 40 kg unter dem Gewicht der Innenausstattung des 323 mit Hecktür. Nun muß dazu gesagt werden, daß der 323 ein Viersitzer mit Rückbank ist, aber Yoshimura verweist darauf, daß beim 323 die Rücksitze nur 10 kg und die Dachverkleidung 5 kg ausmachen.

Das Lüftungs-/Heizsystem entstammt der ersten Generation des RX–7; für diesen kompakten Wagen mehr als ausreichend. Besonders wirkungsvoll ist das Gebläse, um Front- und Seitenscheiben beschlagfrei zu halten.

Bleibt zum guten Schluß des Kapitels Mazdas Mazda MX–5 nur noch eines zu sagen: Wer die komplexe Entstehungsgeschichte dieses modernen Klassikers detailliert kennt, betrachtet ihn sicher mit anderen Augen. Sollte daraus beim Leser der Wunsch erwachsen, den Mazda MX–5 persönlich näher kennenzulernen, so gibt es dagegen gewiß nichts einzuwenden. Denn ein Sportler braucht treue Fans, will er erfolgreich sein.

Kapitel

3

Wie es begann
Die populärsten Sportwagen der Welt

Die Ära des Sportwagens als eine Spielart des Automobils begann mit der Geburt des Automobils. Die ersten motorgetriebenen Kutschen waren hauptsächlich Spielzeuge für Wohlhabende. So gesehen, waren es alles Sportwagen, die eher dem Amüsement als der Fortbewegung dienten. Naturgemäß konnten ihre Eigentümer, die eine Art Pioniere waren, nicht widerstehen, sich mit anderen zu messen. So wurde das Automobilrennen geboren.

Aber mit Beginn des 20. Jahrhunderts schritt die Entwicklung des Automobils schnell voran, und im Laufe dieser Entwicklung wurde der Sportwagen als ein Mittelding zwischen einem praktischen Automobil für den Alltag und einem Rennwagen definiert. Mit anderen Worten: Der Sportwagen sollte in beiden Bereichen zu respektablen Leistungen fähig sein.

Diese Beschreibung des klassischen Sportwagens ist mittlerweile allgemein akzeptiert, obwohl man über sie im Detail ausgiebig diskutiert hat: Welche spezifischen Elemente sind erforderlich oder können weggelassen werden, um einen richtigen Sportwagen herzustellen? Diese Argumente, bis hin zu feinsten Details und kleinsten Unterschieden, waren ein Teil des Anwachsens der Sportwagenbewegung in den USA nach dem 2. Weltkrieg. Eine kleine, sich jedoch schnell vergrößernde Zahl von Amerikanern war begierig, das aufregende »neue« Konzept nach vier Jahren Stillstand auf dem Automobilmarkt und einem aufgewärmten Nachkriegsmenü – bestehend aus Konzepten des Jahres 1942 – zu probieren.

Das Sportwagenkonzept war etwas anderes. Auf der Grundlage von Konzepten, die vorwiegend noch aus der Zeit vor dem Krieg stammten, fing alles mit einem Motor an, der getunt war, um eine höhere Leistung zu erzielen. Und mit einer Lenkung und Straßenlage, die von wesentlich größerer Bedeutung waren, als dies bei den Limousinen und anderen Personenwagen der Fall war. Da der Sportwagen im Vergleich dazu eher »steif« war, trug geringeres Gewicht dazu bei, eine hohe Fahrleistung zu erzielen. Dies war sogar mit einem Motor mittelmäßiger Kapazität oder mit einer einfachen technischen Machart möglich.

Die Liste enthielt weitere Elemente, wie z. B. Kotflügel, Scheinwerfer, Stoßstangen, Ersatzreifen, Türen und irgendeine Form von Wetterschutz; diese ganzen Elemente waren normalerweise bei Rennwagen nicht zu finden. Ein weiteres Ausstattungsmerkmal waren natürlich zwei Sitze. Bei den Elementen, die normalerweise weggelassen wurden, handelte es sich um Fenster, eine geschlossene Karosserie, Bequemlichkeit für zusätzliche Passagiere, einen Kofferraum und übermä-

ßige Verzierungen. Stoffverdecks waren absichtlich nur rudimentär vorhanden, sie besaßen eher Kunststoffvorhängen an den Seiten als Glasfenster zum Herunterkurbeln, und der Platz für das Gepäck bestand normalerweise nur aus einem kleinen Bereich hinter den Sitzen.

Vor dem Krieg waren Sportwagen vornehmlich ein europäisches Phänomen gewesen. Sie waren immer noch ein Spielzeug für die Reichen, die meisten Rennfahrer waren eher »Gentlemanfahrer« als Profis, und die außergewöhnlichen Wagentypen hatten die prestigeträchtigsten Namen auf ihrem Kühlergrill stehen: Mercedes-Benz, Bugatti, Alfa Romeo, Bentley, Aston Martin, BMW, Delahaye, Talbot, Lagonda. Manchmal tauchten auch ein paar amerikanischen Namen auf, wie z. B. Stutz, Duesenberg, Auburn und Cord, aber bei ihnen handelte es sich im allgemeinen um schwerere Wagen, die sich hinsichtlich des Motors und des Karosseriedesigns kaum von den normalen Personenwagen abhoben, ganz gleich wie eindrucksvoll sie auch waren.

Obwohl es in den 20er und 30er Jahren viele Rennen mit Sportwagen in Europa gab, war das berühmteste Rennen jedoch das 24-Stunden-Rennen von Le Mans. Ursprünglich war es nur ein Rennen für Personenwagen, aber nach und nach zog dieses Rennen auch eine Auswahl von spezialisierten Wagen an, die dann zu einer Verfeinerung des Konzepts des klassischen Sportwagens beitrugen. (Kurz nach dem 2. Weltkrieg, besonders in den letzen dreißig Jahren, wurde Le Mans besonders von reinen Rennwagen dominiert, in denen sich zwar zwei Sitze befanden, die ansonsten aber für den normalen Straßenverkehr ungeeignet waren.)

Der klassische Sportwagen konnte von seinem Eigentümer für den Straßenverkehr benutzt werden und dann – nachdem man unwesentliche Ausrüstungsteile entfernt und ihn sorgfältig getunt hatte – konnte man mit dem Wagen ohne aufwendige Veränderungen an einem Rennwettbewerb teilnehmen. Während sie ungeschützt in einem offenen Cockpit saßen (oft mit heruntergeklappter Windschutzscheibe) und warme Kleidung als Schutz vor den Unbilden des Wetter trugen, rasten der Fahrer und der Mitfahrer von einer Dinner Party kommend, eine von Bäumen gesäumte Straße herunter, dabei machten der Motor und das Getriebe einen Krach, den man eher zu genießen schien als ihn dämpfen zu wollen.

Am nächsten Tag konnte der Krach sogar noch verstärkt werden, indem man den Schalldämpfer abnahm, dann malte man eine Startnummer auf den Wagen und war bereit für die Starterflagge. Dieses romantische, besonders der Oberschicht zugerechnete Image der 30er Jahre sollte in grundlegenderen Begriffen nach dem Krieg wiederbelebt werden.

Mit den Jahren sind andere Begriffe, wie z. B. »Sport-« oder »sportliche« Wagen von den Herstellern verwendet worden, die versuchten, mit dem romantischen Image Handel zu treiben, ohne jedoch Wagen für einen wahren zweifachen Gebrauch zu konstruieren. In den meisten Fällen bestand die einzige Konzession, die gemacht wurde, aus einem besser gestylten Karosseriedesign, das nur wenig geräumiger oder praktischer war als bei den Wagen, die für Familienfahrten genutzt wurden. Dieses Konzept wurde in den GT- (Grand Touring) und Personenwagen-Kategorien seit der Mitte der 50er Jahre weiterentwickelt, obwohl es immer schwerer fiel, Unterschiede festzustellen. Die Beschleunigungswerte, das Fahrverhalten und die Bremssysteme besitzen mittlerweile einen so hohen Standard, daß fast alle Wagen zu Leistungen fähig sind, die sie nur ein paar Jahre zuvor dazu berechtigt hätten, als Sportwagen bezeichnet zu werden. Die Unterscheidung muß aufgrund des Zweckes und des Charakters der Maschine getroffen werden.

Im Europa der 30er Jahre tauchten aufgrund eines wachsenden Enthusiasmus in der Mittelschicht eine Reihe von kleineren, weniger teuren Sportwagen auf. Basierend auf Bauteilen der normalen Personenwagen und mit der Absicht, ihre Stärke und Vielseitigkeit unter Beweis zu stellen, übernahmen diese mit einem kleineren Hubraum ausgestatteten Wagentypen nichtsdestotrotz die Funktion von richtigen Sportwagen durch eine sorgfältige Ausgewogenheit zwischen Motorabstimmung und Gewichtsreduzierung. Dieser Trend war in Großbritannien am stärksten vertreten. Das herausragendste Sinnbild für diesen Trend war der MG, der – wie wir später noch sehen werden – für die Definition des Konzepts verantwortlich und der Pionier für den weitaus größten Markt der erschwinglichen zweisitzigen Roadster nach dem Zweiten Weltkrieg werden sollte.

Andere wichtige englische Beispiele für diesen Trend wurden von Morgan, Riley, Triumph, Frazer-Nash, HRG und Singer hergestellt. In Italien, wo die Kunst des Fahrens und der Veredelung mechanischer Komponenten schon immer eine besondere Passion gewesen war, gab es zahllose Adaptionen der kleineren Wagen aus der Fiat-Produktion, die mit einer größeren Leistung ausgestattet waren. In Frankreich und Deutschland war die Zahl der für die Mittelschicht erschwinglichen Sportwagen geringer. Bei diesen Modellen handelte es sich nur um geringfügige Veränderungen der Basismodelle von Personenwagens.

Der Nachkriegsboom

Während er in der ersten Hälfte des Jahrhunderts ein wichtiger Aspekt für das Automobildesign der europäischen Hersteller war, bot der Sportwagen im Vergleich zu den in Massenproduktion hergestellten Limousinen nur begrenzte Aussichten für Gewinne. Eigentlich wurde die Produktion von Sportwagen nur aus Gründen des technischen Prestiges und des Wettbewerbes zwischen den Unternehmen fortgesetzt. Sportwagen waren nur während der frühen 50er Jahre in den USA ein einträgliches Geschäft, das sich zu einem Boom auswuchs – gestoppt durch die Ölkrise und die Umweltverschmutzung in den 70er Jahren.

Vor dem Zweiten Weltkrieg hatte es eine kleine Schar von vorwiegend wohlhabenden Sportwagenenthusiasten in den Bundesstaaten von New York und New England gegeben. Als der Krieg ein Ende hatte, wurden sie zur Keimzelle des Sportwagenclubs von Amerika (SCCA), dessen Hauptquartier sich viele Jahre in Connecticut befand. Nach und nach wurden auch immer mehr Angehörige der Mittelschicht zu Mitgliedern des Clubs, da mehr und mehr Amerikaner zu Automobilenthusiasten wurden. Viele von ihnen waren von den vollständig andersartigen Wagen beeindruckt, die sie während ihres Militärdienstes in Europa kennengelernt hatten. Das wichtigste und für die meisten am leichtesten erreichbare Beispiel für diesen neuen Trend war der MG TC, der für die steigende Popularität, wenn nicht sogar für die Schaffung einer völlig neuen Bewegung, verantwortlich war.

Das Wort »Bewegung« ist wesentlich und weitaus genauer als einfach »Markt«, da der Sportwagen in seinem tieferen Sinn und seiner letztendlichen Auswirkung sowohl sozialer als auch kultureller Natur war. Der Reichtum, der für die Umstellung der immensen Kapazität der amerikanischen Industrie – die mit einem gesteigerten internationalen Bewußtsein einherging – verantwortlich war, schuf eine breite Klasse von Verbrauchern mit einer Kaufkraft, die weit über deren Grundbedürfnisse hinausreichte und es ihnen ermöglichte, aus ihren traditionellen Gewohnheiten auszubrechen. Nachdem die alte Familienlimousine durch ihr Nachkriegsgegenstück ersetzt worden war, konnte man an einen zweiten Wagen denken, der nicht für tägliche Aufgaben zur Verfügung zu stehen hatte. Dies ermöglichte es auch jungen Leuten, besonders College-Studenten, ihre Fahrerwartungen auf die aufregendste Art und Weise, die möglich war, zu erfüllen.

Ironischerweise ignorierte die US-Industrie diesen Markt. Fairerweise muß man aber sagen, daß er sich noch in den Kinderschuhen befand und weit entfernt davon war, jene Mengen hervorzubringen, die für eine richtige Massenproduktion erforderlich sind. Europäische und später auch die japanischen Automobilhersteller nutzten diese Entwicklung allerdings dazu, verstärkt in den nordamerikanischen Markt einzudringen.

Zwanzig Jahre später, als die Ölkrise zu einer »Verkleinerung« der Automobile und zu wirtschaftlicheren Motoren und Karosseriekonstruktionen führte, waren amerikanische Hersteller gezwungen, die weltweit gültigen Normen zu erfüllen, darunter auch auf den traditionellen Gebieten des Getriebes, des Fahrverhaltens und des Bremssystems, die seit jeher ein wesentlicher Bestandteil der Sportwagen gewesen waren. Aber der in die Krise geratene Markt in der Mitte der 70er Jahre führte zu einer zuerst verheerenden, obwohl letztendlich nur zeitweiligen Abkehr von einem Fahrzeug, das nur dem Vergnügen diente. Darunter fielen sowohl Sportwagen – obwohl die meisten benzinsparend waren – als auch Cabriolets mit normalen Abmessungen und extrem durstige Fahrzeuge für die Freizeit.

Bereits zu diesem Zeitpunkt hatte der GT-Wagen, der alles von einer zweitürigen Limousine mit einer eher schnittigen Dachlinie bis hin zu einem geschlossenen Zweisitzer mit hoher Leistung umfaßte, den offenen Sportwagen vom Markt der Automobilenthusiasten verdrängt. Nachdem wesentlich verbesserte Chassis in großem Umfang zur Verfügung standen, versuchte die Mehrheit der Käufer Fahrqualitäten mit verbessertem Komfort und mehr Bequemlichkeit in Einklang zu bringen. Dies führte schließlich zu solch einem hohen Stand der Technik und des Luxus, daß sogar das Basismodell des GT-Wagens (nicht zu erwähnen die einfachen Sportwagen) vom Markt genommen wurden. Ein großer Hersteller nach dem anderen strich die zweisitzigen Sportwagen für Einsteiger aus seiner Produktpalette, bis in den späten 80er Jahren nur noch einige technisch veraltete Konstruktionen auf einem extrem kleinen Markt zur Verfügung standen. Es schien so, als ob der normale Markt für Sportwagen tot war.

Junge Käufer, eine wichtige Basis für solch einen Markt, wurden nicht länger bedient. Sie konnten es sich nicht leisten, am hochtechnologischen Luxusmarkt teilzuhaben. Für sie war sowohl vom wirtschaftlichen als auch vom kulturellen Gesichtspunkt aus der Platz des Sportwagens von normalen Modellen eingenommen worden: leichter verfügbar, wesentlich billiger und günstiger in der Versicherung. Die einzige Alternative war ein älterer, gebrauchter Sportwagen, ein im wesentlichen historisches Fahrzeug, unterhaltsam, altmodisch und schwer zu unterhalten.

Aber gerade als das Cabriolet als populäres Karosse-

riedesign nach vielen Jahren in die Produktpalette der meisten Hersteller zurückgekehrt war, feiert der zweisitzige Roadster mit Stoffverdeck im Mazda MX–5 ein starkes Comeback. Ausgehend von der vorherigen, ziemlich genauen, Identifizierung eines spezialisierten zweisitzigen GT-Marktes für das mit einem Wankelmotor ausgestattete RX–7 Coupé von Mazda, kann man mit Sicherheit annehmen, daß eine Wiedergeburt des Sportwagenmarktes für Einsteiger bevorsteht, da auch andere Hersteller Mazda folgen.

Um diese Leistung schätzen zu können – Mazdas Neuschaffung des traditionellen Konzepts mit modernen Begriffen – lohnt es sich, die Wagen einmal genauer zu betrachten, die während ihrer Glanzzeit von den späten 40ern bis zur Mitte der 70er Jahre zu

Typ: MG TC Midget. Bauzeit: 1945–1949. Ursprungsland: Großbritannien. Motor: Frontmontiert, 1250 cm³, Ventilstößelstangen, hängende Ventile, 4-Zylinder (Reihe) mit zwei SU Vergasern; Verdichtungsverhältnis 7,25:1, Leistung 55 PS bei 5200/min, Drehmoment 87 Nm bei 2700/min. Kraftübertragung: manuelles 4-Gang-Getriebe, in den oberen drei Gängen synchronisiert, hinter dem Motor angebracht, Antrieb der Hinterräder; Achsuntersetzung 5,13:1. Aufhängung: Vorne, starre Achse, Halbelliptik-Blattfedern, Hebelstoßdämpfer; hinten, Antriebsachse, Halbelliptik-Blattfedern, Hebelstoßdämpfer. Bremsen: 9,0-Zoll Trommelbremsen. Räder: 19-Zoll Drahtspeichenrad, mit 4,50×19er Reifen. Abmessungen (in mm): Radstand 2388; Spurweite 1143 vorne und hinten; Länge 3668; Breite 1422; Höhe 1351. Gewicht: 838 kg. Leistung: Beschleunigung von 0 auf 100 km/h in 23,2 Sekunden, die 400 m in 21,6 Sekunden mit einer Endgeschwindigkeit nach 400 m von 98 km/h; Höchstgeschwindigkeit 121 km/h; durchschnittlicher Benzinverbrauch 10,7 l/100 km.

einer Entwicklung des Marktes beitrugen. Darunter auch einige wenige Modelle, die kaum bis in die 80er Jahre überdauerten. Sie schufen eine große Tradition und erhielten sie aufrecht. Daher ist es besonders interessant, deren Merkmale und Leistung mit denen des Mazda MX–5 zu vergleichen. Wenn man sich den Preis vergegenwärtigt, der um den Faktor 5 gestiegen ist, unterstreicht eine Untersuchung der Spezifikation dieser Wagen sowohl Mazdas Pflichttreue gegenüber der Tradition als auch die großen Anstrengungen im Bereich der Technologie, die über vierzig Jahre hinweg unternommen wurden.

MG TC

Auf der Grundlage der Vorkriegsmodelle TA und TB begann die Produktion des TC Midget im Jahre 1945. Er besaß eine filigrane Optik mit schmalem Kühlergrill, separaten Scheinwerfern, sanft geschwungenen Kotflügeln, tief ausgeschnittenen Türen und großen 19-Zoll-Rädern. Von seinem klassischen Design her kann man den Wagen als schön bezeichnen; er konnte zu diesem Zeitpunkt kaum verbessert werden. Das Styling war bereits zehn Jahre alt, auf die Amerikaner wirkte es indes jung und frisch. Für die meisten von ihnen war dies ihr erster Eindruck von einem Sportwagen.

Während er sich aufgrund seines Kompaktformats hervorragend manövrieren ließ, war er nicht so einfach zu fahren, wie man das vielleicht erwartet hätte. Die Kombination aus Rechtssteuerung und einer links angebrachten Schaltung war den Amerikanern fremd, während die direkte Lenkung viel Kraft kostete: 1,7 Umdrehungen von Anschlag zu Anschlag bei einer senkrechten Position. Selbst mit einer Lenksäule, die man vor und zurück, hoch und runter verstellen konnte, befand sich das Lenkrad so nahe beim Fahrer, daß dessen Bewegungsfreiheit eingeschränkt war.

Die Fahrt – mit extrem steifen, halb-elliptischen Blattfedern, einer starren Achse vorne und einer Antriebsachse hinten – vermittelte das Gefühl, als ob man über Felsen führe. Im Verein mit der mäßigen Leistung, die nur bescheidene Beschleunigung und Höchstgeschwindigkeit zuließ, fragt man sich, warum dieser Wagen damals so erstrebenswert erschien. Die Antwort ist ganz einfach: Durch die offene Karosserie konnte der Fahrer die Geschwindigkeit wesentlich besser spüren als dies bei einer Limousine der Fall war, besonders wenn die Windschutzscheibe heruntergeklappt war. Weil der Fahrer ständig die hervorragend abgestimmte Gangschaltung benutzen mußte, hatte er das Gefühl, das Fahren intensiver zu erleben.

Die geringe Größe des Wagens und seine Einfachheit ließen ihn eher als ein nettes Spielzeug erscheinen denn als zuverlässigen Diener. Die Ausstattung mit nur zwei Sitzen machte ihn zu einem individuellen Wagen. All diese Attribute trugen dazu bei, den Eindruck eines erschwinglichen Sportwagens zu definieren und die Konstruktion kommender Generationen zu beeinflussen.

Der Drehzahlmesser war beim TC genau vor dem

Typ: MG TD Midget. Bauzeit: 1950–1953. Ursprungsland: Großbritannien. Motor: Frontmontiert, 1250 cm3, Ventilstößelstangen, hängende Ventile, 4-Zylinder (Reihe) mit zwei SU-Vergasern; Verdichtungsverhältnis 7,25 : 1, Leistung 55 PS bei 5200, Drehmoment 87 Nm bei 2700/min. Kraftübertragung: manuelles 4-Gang-Getriebe, in den oberen drei Gängen synchronisiert, hinter dem Motor angebracht, Antrieb der Hinterräder; Achsuntersetzung 5,13 : 1. Aufhängung: Vorne, Einzelaufhängung mit Querlenkern, Schraubenfedern, Teleskopstoßdämpfern; Hinten, Antriebsachse, Halbelliptik-Federn, Hebelstoßdämpfer. Bremsen: 9,0-Zoll Trommelbremsen. Räder: 15-Zoll Scheibenräder, mit 5,50×15er Reifen. Abmessungen (in mm): Radstand 2388; Spurweite 1204 vorne und 1270 hinten; Länge 36580; Breite 1488; Höhe 1344. Gewicht: 915 kg. Leistung: Beschleunigung von 0 auf 100 km/h in 19,8 Sekunden; die 400 m in 21,0 Sekunden mit einer Endgeschwindigkeit von 100 km/h; Höchstgeschwindigkeit 129 km/h; durchschnittlicher Benzinverbrauch 9,8 l/ 100 km.

Typ: MG TF 1500. Bauzeit: 1955. Ursprungsland: Großbritannien. Dieselben Merkmale wie beim TD, mit folgenden Ausnahmen. Motor: 1466 cm³; Verdichtungsverhältnis 8,00:1, Leistung 66 PS bei 5500/min, Drehmoment 103 Nm bei 3000/min. Kraftübertragung: Achsuntersetzung 4,88:1. Räder: 15-Zoll Drahtspeichenräder. Leistung: Beschleunigung von 0 auf 100 km/h in 16,6 Sekunden, die 400 m in 20,6 mit einer Endgeschwindigkeit nach 400 m von 105 km/h; Höchstgeschwindigkeit 138 km/h.

Fahrer angebracht, was vielen neu war. Das Instrument sollte jedoch bald zu einer absoluten Notwendigkeit in Sportwagen werden. Die Position des Geschwindigkeitsmesser des TC, der außerhalb des normalen Blickwinkels des Fahrers vor dem Beifahrer saß, war unglücklich gewählt. Dies war wahrscheinlich aber auch gut so, da die Nadel des Geschwindigkeitsmessers einen verstärkten Einfluß auf die Fahrweise ausübte.

Die Direktheit des Viergang-Getriebes, obwohl es nur in den oberen drei Gängen synchronisiert war (zu dieser Zeit normal), stellte eine der größten Freuden des TC dar. Die Schaltwege waren sehr kurz, und jeder Gang wurde durch eine »Kerbe« eingelegt.

Der Einstieg durch die sich nach vorne öffnenden Türen erfolgte, indem man sich rücklings in die Sitze pflanzte. Die tiefausgeschnittenen Türen sorgten für eine gewisse Ellbogenfreiheit, aber hauptsächlich dienten sie dazu, das Freiluftgefühl zu betonen, und dazu, daß Fahrer und Beifahrer von anderen Autofahrern gesehen werden konnten, wie auch heute noch in einigen Jeep-artigen Fahrzeugen möglich.

Der MG und das Konzept eines erschwinglichen Sportwagens waren vor allem typisch britisch. Im MG TC hat Großbritanniens Reputation für Qualitätsarbeit unmittelbar nach dem Krieg auf wundersame Weise überlebt.

MG TD und TF

Das äußere Erscheinungsbild des im Jahre 1950 umfangreich renovierten MG TD entsetzte einige Enthusiasten und freute andere. Während der Vorkriegsstil mit einem geteilten Kühlergrill, separaten Scheinwerfern und Kotflügeln beibehalten wurde, gingen die klassischen Proportionen verloren, was hauptsächlich an den kleineren 15-Zoll-Scheibenrädern lag. Technisch gesehen war der Wagen bedeutend verbessert, mit einem neuen Rahmen, einer breiteren Spur, Einzel-Vorderradaufhängung mit Schraubenfedern, einer Zahnstangenlenkung, einem verbesserten Untersetzungsverhältnis und einer neuen hypoidverzahnten Hinterachse (mit alter Achsuntersetzung). Am wichtigsten für den US-Markt war jedoch, daß jetzt auch eine Linkssteuerung zur Verfügung stand.

Mit unverändertem Motor und Leistung und einem um ungefähr 77 kg höheren Gewicht verbesserte sich die Beschleunigung nicht wesentlich, obwohl die Höchstgeschwindigkeit nun bei 129 km/h lag. Das lag an der verkleinerten Frontpartie und der veränderten Reifengröße. In jeder anderen Hinsicht, besonders bei der Ausstattung und Komfort, war der TD eine Neuauflage des TC. Der Blick über die Motorhaube blieb fast der gleiche, obwohl der Fahrer den gegenüberliegenden vorderen Kotflügel nicht mehr sehen konnte. Die Lenkung, nun mit 2,7 Umdrehungen, erforderte einen geringeren Kraftaufwand und war wesentlich zielgenauer, während sich die neue Frontaufhängung und der niedrige Schwerpunkt positiv auf die Straßenlage auswirkten.

Insgesamt war der TD ein Wagen, der bedienungsfreundlicher und besser zu fahren war und wurde ein großer Erfolg auf dem amerikanischen Markt. Im Jahre 1953 gab's den TD Mark II oder TDC, speziell gedacht für Fahrer, die den Wagen zu Rennzwecken verwenden wollten. Dieser Wagen hatte ein höheres Verdichtungsverhältnis von 8,10:1 sowie größere Vergaser und Ventile mit stärkeren Federn. Die Leistung stieg auf 61 PS, die bei 5500/min anfielen. Die Beschleunigung von 0 auf 100 km/h sank von 19,8 auf 16,8 Sekunden. Mit seiner kürzeren Achse (4,88:1) erreichte der TD Mark II eine Geschwindigkeit von 134 km/h.

Das letzte Modell der T-Serie und der letzte der »klassischen« MG-Roadster war der TF, vorgestellt im Jahr 1954. Bei der Mechanik gab es keine wesentlichen Veränderungen, das Verdichtungsverhältnis stellte mit 8,00:1 einen Kompromiß zwischen den beiden früheren Modellen dar, und die Leistung lag ebenfalls in der Mitte: 58 PS bei 5500/min.

Das Styling des TF war jedoch wesentlich verändert

Typ: MGA. Bauzeit: 1956–1958. Ursprungsland: Großbritannien. Motor: Frontmontiert, 1489 cm³, Ventilstößelstangen, hängende Ventile, 4-Zylinder (Reihe), mit zwei SU-Vergasern; Verdichtungsverhältnis 8,30:1, Leistung 69 PS bei 5500/min, Drehmoment 105 Nm bei 3500/min. Kraftübertragung: manuelles 4-Gang-Getriebe, in den oberen drei Gängen synchronisiert, hinter dem Motor angebracht, Antrieb der Hinterräder; Achsuntersetzung 5,13:1. Aufhängung: Vorne, Einzelaufhängung mit Querlenkern, Schraubenfedern, Teleskopstoßdämpfern; Hinten, Antriebsachse, Halbelliptik-Federn, Hebelstoßdämpfer. Bremsen: 9,0-Zoll Trommelbremsen. Räder: 15-Zoll Scheibenräder, oder 15 Zoll Drahtspeichenräder, mit 5,60×15er Reifen. Abmessungen (in mm): Radstand 2388; Spurweite 1204 vorne und 1240 hinten; Länge 3962; Breite 1473; Höhe 1270. Gewicht: 917 kg. Leistung: Beschleunigung von 0 auf 100 km/h in 14,7 Sekunden; die 400 m in 19,5 Sekunden mit einer Endgeschwindigkeit von 113 km/h; Höchstgeschwindigkeit 153 km/h; durchschnittlicher Benzinverbrauch 8,1 l/100 km.

Typ: MGA 1600 Mk II. Bauzeit: 1961–1962. Ursprungsland: Großbritannien. Dieselben Merkmale wie beim MGA, mit folgenden Ausnahmen. Motor: 1624 cm³, Verdichtungsverhältnis 8,90:1, Leistung 91 PS bei 5500/min, Drehmoment 136 Nm bei 3500/min. Bremsen: Vorne Scheibenbremsen, hinten Trommelbremsen. Gewicht: 931 kg. Leistung: Beschleunigung von 0 auf 100 km/h in 13,0 Sekunden, die 400 m in 18,6 Sekunden mit einer Endgeschwindigkeit von 114 km/h; Höchstgeschwindigkeit 168 km/h; durchschnittlicher Benzinverbrauch 8,7 l/100 km.

worden, mit einem winkligen Kühlergrill, mit schnittigeren Kotflügeln und in die Frontpartie integrierten Scheinwerfern. Es wurden wieder Drahtspeichenräder verwendet, wodurch das klassische Konzept betont wurde. Die Leistung unterschied sich immer noch nicht sehr, die Einführung des TF 1500 im Jahre 1955 war jedoch ein großer Schritt vorwärts. Der größere Hubraum von 1466 cm³ führte zu einer Leistung von 66 PS. Die Beschleunigungszeit auf 138 km/h sank auf 16,3 Sekunden, dieser Wert war besser als der des TD Mark II, während eine Höchstgeschwindigkeit von 86 km/h erreicht wurde. Der TF 1500 war im wesentlichen ein Endpunkt in der damaligen Entwicklung, bis der vollständig neue MGA Ende 1955 auf den Markt kam.

MGA

Das Styling des MGA basierte auf einem Prototyp für die Rennen von Le Mans. Der MGA, Ende 1955 zum ersten Mal vorgestellt, war ein neues Modell, das sich vom traditionellen Aussehen des MG völlig unterschied. Die niedrige, abgerundete Haube war eine verbesserte Ausgabe der bisherigen, während die Karosserie nun über die volle Breite reichte. Die Kotflügel fingen mit den Scheinwerfern an und erstreckten sich in fast gerader Linie bis hin zum Cockpit, verliefen dann nach Jaguar-Art über die hinteren Räder und endeten in einer elliptischen Form. Das Ersatzrad war in die Karosserie integriert, und es gab nun einen echten Kofferraum. Die Windschutzscheibe war gekrümmt und konnte nicht mehr heruntergeklappt werden.

In seinen Abmessungen ähnelte das Chassis überraschend stark dem des TD/TF, in der Mechanik gab es jedoch eine Reihe Unterschiede. Es wurde der BMC-1500-Motor aus dem Austin- und Morris-Wagen verwendet. Im MGA leistete er 69 PS bei 5500/min. Das Getriebe stammte aus der MG Magnette Limousine, besaß jedoch ein besseres Untersetzungsverhältnis, während die Achsuntersetzung auf 4,30:1 reduziert wurde. Der Rahmen war immer noch ein Kastenrahmen, jedoch in der Mitte verbreitert worden, was eine niedrigere Sitzposition ermöglichte. Hinzu kam eine neue Struktur der Kühlerhaube, um größere Steifigkeit zu erreichen. Insgesamt wog der MGA gerade 917 kg.

Die Leistung war natürlich wesentlich besser. Die Kombination aus gesteigerter Leistung, einer kürzeren Achsuntersetzung und einer wesentlich verbesserten Aerodynamik führte zu einer Reduzierung der Beschleunigungszeit und zu einer Steigerung der Höchstgeschwindigkeit auf 153 km/h.

Während sich der Fahrer im Cockpit mehr eingeschlossen fühlte, war in Wirklichkeit mehr Platz vorhanden. Die Instrumente befanden sich nun direkt vor ihm und die Bedienungselemente, besonders die Gangschaltung, vermittelten ihm ein Gefühl der Sicherheit. Das Modell A fuhr sich immer noch wie ein MG, aber auf höherem Niveau. Obwohl mittlerweile nur noch 48 Prozent des Gewichts auf den Hinterrädern lasteten, im Vergleich zu den früheren 50 Prozent, besaß der Wagen ein neutraleres Fahrverhalten mit einer leichten Nei-

Typ: MGB. Bauzeit: 1962–1980. Ursprungsland: Großbritannien. Motor: Frontmontiert, 1796 cm³, Ventilstößelstangen, hängende Ventile, 4-Zylinder (Reihe), mit zwei SU-Vergasern; Verdichtungsverhältnis 8,75:1, Leistung 95 PS bei 5500/min, Drehmoment 145 Nm bei 3500/min. Kraftübertragung: manuelles 4-Gang-Getriebe, in den oberen drei Gängen synchronisiert (von 1968 an in allen vier Gängen), hinter dem Motor angebracht, Antrieb der Hinterräder; Achsuntersetzung 5,13:1. Aufhängung: Vorne, Einzelaufhängung mit Querlenkern, Schraubenfedern, Teleskopstoßdämpfern; Hinten, Antriebsachse, Halbelliptik-Federn, Hebelstoßdämpfer. Bremsen: Vorne Scheibenbremsen, hinten Trommelbremsen. Räder: 14-Zoll Drahtspeichenräder, mit 5,60×14er Reifen (später 14-Zoll Leichtmetall-Felgen, mit 165 SR-14er und schließlich 180/70 SR-14er Reifen). Abmessungen (in mm): Radstand 2311; Spurweite vorne und hinten 1265; Länge 3891 (später 4018); Breite 1521; Höhe 1250 (später 1295). Gewicht: 944 kg (später 1060 kg). Leistung: Beschleunigung von 0 auf 100 km/h in 12,7 Sekunden; die 400 m in 18,4 Sekunden mit einer Endgeschwindigkeit von 116 km/h; Höchstgeschwindigkeit 171 km/h; Benzinverbrauch 9,0 l/100 km.

gung zum Übersteuern in Kurven.

Mit all den Verbesserungen und einem geringen Preisanstieg war der MGA ein großer Schlager. Er mußte sich jedoch weiteren Veränderungen unterziehen, um mit seinen Konkurrenten mithalten zu können. Im Jahre 1958 wurde der MGA Twin Cam vorgestellt, mit einem 1588-cm³-Motor mit zwei obenliegenden Nockenwellen, der eine Leistung von nicht weniger als 110 PS brachte: das Zweifache der Leistung des TC. Der neue Motor erreichte gefahrlos 7000 Touren.

In dieser spezialisierten Form trat das A-Modell in eine höhere Leistungsklasse ein, mit einer Beschleunigung von 0 auf 100 km/h von unter 10 Sekunden und einer Höchstgeschwindigkeit von mehr als 160 km/h. Diese Veränderung brachte jedoch einen starken Preisanstieg mit sich.

Im Jahre 1959 stand ein Ventilstößelstangen-Motor mit 1588 cm³, hängenden Ventilen und einer Leistung von 81 PS im Basismodell zur Verfügung: der MGA 1600. Der Wagen war preiswert für ein Auto, das die 100 km/h in 13,5 Sekunden und eine Höchstgeschwindigkeit von 166 km/h erreichte.

Zum selben Preis wurde 1961 der MGA 1600 Mk II eingeführt, der einen 1624-cm³-Motor besaß, der mit 91 PS 169 km/h Spitze schaffte. Der Mk II unterschied sich vom früheren 1600 durch waagerechte Rücklichter und war der letzte MGA. Er wurde bald von einem Roadster der nächsten Generation, dem MGB, abgelöst.

MGB

Der letzte der MG Roadster, die in einem Zeitraum von 19 Jahren hergestellt wurden, war der MGB. Er war ein exzellenter Sportwagen, verlor jedoch mit der Zeit an Leistung und Marktfähigkeit, als die Beschränkungen

der 70er Jahre zu Kompromissen zwangen.

Im Jahre 1962 stellte der MGB eine Verbesserung gegenüber dem A-Modell dar, besonders was den Komfort anbelangte. Die Karosserie war breiter, die Kotflügel zogen sich in gerader Linie über den ganzen Wagen hinweg. Die geteilten Seitenscheiben wurden durch Scheiben ersetzt, die man herunterkurbeln konnte. Der Kühlergrill war breiter und flacher, aber immer noch in seinem Design typisch.

Obwohl es sich immer noch um einen Motor mit hängenden Ventilen mit Stößelstangen handelte, war der Hubraum auf 1796 cm³ vergrößert. Er leistete 95 PS bei 5500/min. Die Zunahme des Hubraums ging mit einem verbesserten Drehmoment einher.

Obwohl breiter, waren Radstand und Länge um 76 mm kürzer als bei den vorherigen Modellen. Lobenswerterweise blieb das Gewicht mit 944 kg fast gleich. Die bekannten Drahtspeichenräder besaßen nun einen Durchmesser von 14 Zoll.

Mit einem günstigerem Leistungsgewicht war der Typ B etwas schneller. Das Fahrverhalten war immer noch das gleiche, gut kontrollierbar, aber nicht weich, während das Lenkrad etwas weniger kraftzehrend war. Mit anderen Worten: Es war immer noch die altbekannte MG-Charakteristika vorhanden, jedoch in bequemer Verpackung.

Der MGB stellte sich als sehr zuverlässig heraus und wurde mit wenigen Veränderungen weiterproduziert, bis im Jahre 1968 ein vollsynchronisiertes Getriebe zur Verfügung stand. Das Gewicht war jedoch auf 64 kg angewachsen, und da der Motor keine Modifikationen erfahren hatte – im Jahre 1968 wurden zum erstenmal Abgasbeschränkungen eingeführt – konnte der MGB hinsichtlich seiner Leistung nicht mehr mit anderen Wagen konkurrieren und galt damals schon als veraltet. Ein MGB Mk II, der im Jahre 1970 von der Zeitschrift Road & Track getestet wurde, lag bei der Bewertung hinter Wagen wie z.B. Fiat 124 Spider, Porsche 914 und Triumph TR 6.

Erstaunlicherweise sollte das Modell B noch ein weiteres Jahrzehnt lang hergestellt werden. Es wurden keine entscheidenden technischen Verbesserungen mehr vorgenommen (weder beim Motor noch bei der Karosserie), um den amerikanischen Normen zu entsprechen, und daher hatte der Wagen im Jahre 1973 15 PS weniger, und die Beschleunigung auf 100 km/h dauerte 1 Sekunde länger als bei den 1962er Modellen. Die Leistung fiel im Jahre 1976 auf blasse 63 PS, wodurch die Beschleunigungszeit bis 100 km/h auf 18,5 Sekunden anstieg. Zu diesem Zeitpunkt war der einmal gut aussehende MGB durch häßliche Gummistoßstan-

Typ: Austin-Healey 100. Bauzeit: 1953–1956. Ursprungsland: Großbritannien. Motor: Frontmontiert, 2660 cm3, Ventilstößelstangen, hängende Ventile, 4-Zylinder (Reihe), mit zwei SU-Vergasern; Verdichtungsverhältnis 7,50:1, Leistung 91 PS bei 4000/min, Drehmoment 196 Nm bei 2500/min. Kraftübertragung: manuelles 3-Gang-Getriebe, mit einem Overdrive in den beiden oberen Gängen, hinter dem Motor angebracht, Antrieb der Hinterräder; Achsuntersetzung 4,12:1 (Overdrive 3,12:1). Aufhängung: Vorne, Einzelaufhängung mit Querlenkern, Schraubenfedern, Teleskopstoßdämpfern; Hinten, Antriebsachse, Halbelliptik-Federn, Teleskopstoßdämpfer. Bremsen: 10-Zoll Trommelbremsen. Räder: 14-Zoll Drahtspeichenräder, mit 5,90×15er Reifen. Abmessungen (in mm): Radstand 2286; Spurweite 1232 vorne und 1257 hinten; Länge 4000; Breite 1537; Höhe 1245. Gewicht: 976 kg. Leistung: Beschleunigung von 0 auf 100 km/h in 11,8 Sekunden; die 400 m in 18 Sekunden mit einer Endgeschwindigkeit von 121 km/h nach 400 m; Höchstgeschwindigkeit 164 km/h; durchschnittlicher Benzinverbrauch 10,7 l/100 km.

gen verunstaltet, die auch den Kühlergrill verunzierten, und der erforderliche Schutz für die Passagiere wurde mit einem ebenso unattraktiven Aufpolstern des alten Armaturenbretts erreicht. Das B-Modell wurde weiterhin ohne Verbesserungen angeboten und zwar solange, bis es sich nicht mehr verkaufen ließ. Dies war eine schlimme Politik, die den einst guten Ruf minimierte. Das Ende kam im Jahre 1980.

MG Midget

Der Name Midget, den MG nicht für die Modelle der A- und B-Serie verwendete, wurde im Jahre 1961 für eine Version des Austin-Healey Sprite wiederbelebt, die nur durch ihr MG-Namenszeichen und geringe Veränderungen vom Sprite zu unterscheiden war. Dieser erste MG-«Sprigdet» (ein Spitzname, der für beide Typen verwendet wurde) stellte das Äquivalent zum Sprite Mk II dar. Jeder weitere Midget hatte eine um eins niedrigere Nummer als der vergleichbare Austin-Healey; Sprite III/Midget II usw. bis zum Sprite V/Midget IV. Nachdem man den Namen Austin-Healey im Jahre 1971 fallenließ, wurde der MG Midget – nun nicht mehr mit einer Nummer versehen – bis 1980 weiterproduziert. Wie beim MGB gab es nur geringe Veränderungen, damit sich der Wagen auf dem Markt behaupten konnte.

Eine vollständige Beschreibung und Spezifikation finden Sie unter Austin-Healey Sprite.

Austin-Healey 100

Der Brite Donald Healey, seit 1946 Konstrukteur für Spezialfahrzeuge, erzielte seinen größten Erfolg mit dem Austin-Healey 100 im Jahre 1953. Als perfektes Beispiel für ein Auto aus Massenproduktionskomponenten mit sportlicher Verpackung, um einen völlig neuen Markt zu schaffen, war dem 100 ein sofortiger Erfolg beschieden. Genau wie bei MG lag der größte Absatzmarkt des Healey in den USA, wo er genau zwischen dem MG TD und dem Jaguar XK-120 rangierte, was Preis und Leistung anbetraf.

Nachdem er eine limitierte Serie seiner Wagen selbst hergestellt hatte, plante Healey eine Zusammenarbeit mit Austin. Die Bezeichnung 100 bezog sich nicht auf den Motor, sondern auf die Höchstgeschwindigkeit, die der Wagen jedoch übertraf.

Neben der Höchstgeschwindigkeit von 164 km/h hatte der Healey eine hervorragende Beschleunigung (von 0 auf 100 km/h in 11,8 Sekunden), eine leichtgängige Lenkung, gutes Kurvenverhalten hervorragende Fahreigenschaften, ein geräumiges Cockpit und, vielleicht am wichtigsten, ein eindeutig modernes Styling. Der charakteristische, wie ein Diamant geformte Küh-

lergrill des Healey wurde in eine sonst einfache Form eingebaut, die Seiten wurden von ausgeprägten Linien geprägt, die der Krümmung der vorderen Kotflügel folgten. Lange Schnauze, kurzes Heck: ideale Proportionen für einen Sportwagen der Healey 100 konnte einfach kein Flop werden.

Der Rahmen war simpel: zwei 3 Zoll starke quadratische Träger, die nur 17 Zoll auseinanderlagen, verbunden mit einem X-förmigen Verbindungselement. Der Wagen besaß ein 4-Gang-Getriebe mit einem manuell kontrollierten Laycock-de-Normanville-Overdrive in den beiden oberen Gängen. Aufhängung und Bremsen waren konventionell, aber effektiv; Schraubenfedern vorne und eine Antriebsachse mit Halbelliptik-Federn

Typ: Austin-Healey Sprite. Bauzeit: 1958–1961. Ursprungsland: Großbritannien. Motor: Frontmontiert, 948 cm3, Ventilstößelstangen, hängende Ventile, 4-Zylinder (Reihe), mit zwei SU-Vergasern; Verdichtungsverhältnis 8,30:1, Leistung 49 PS bei 5000/min, Drehmoment 71 Nm bei 3300/min. Kraftübertragung: manuelles 4-Gang-Getriebe, in den oberen drei Gängen synchronisiert, hinter dem Motor angebracht, Antrieb der Hinterräder; Achsuntersetzung 4,22:1. Aufhängung: Vorne, Einzelaufhängung mit Querlenkern, Schraubenfedern, Hebelstoßdämpfern; Hinten, Antriebsachse, Viertelelliptik-Federn, Hebelstoßdämpfer. Bremsen: 7,0-Zoll Trommelbremsen. Räder: 13-Zoll Scheibenräder, mit 5,20×13er Reifen. Abmessungen (in mm): Radstand 2032; Spurweite vorne 1148 und hinten 1138; Länge 3480; Breite 1372; Höhe 1219. Gewicht: 663 kg. Leistung: Beschleunigung von 0 auf 100 km/h in 21,2 Sekunden; die 400 m in 21,6 Sekunden mit einer Endgeschwindigkeit von 100 km/h nach 400 m; Höchstgeschwindigkeit 127 km/h; durchschnittlicher Benzinverbrauch 7,4 l/100 km.

hinten und 10-Zoll-Hydraulik-Trommelbremsen an allen vier Rädern. Die Drahtspeichenräder waren eine Konzession an die Tradition und ein wichtiges Charakteristikum zum das zum Sportwagen-Look beitrug.

Im Jahre 1955 stand eine leistungsstarke Version, der 100 S, mit 134 PS, einem eng abgestuften 4-Gang-Getriebe und Dunlop-Scheibenbremsen für den Rennsport zur Verfügung. Mit einer Beschleunigung auf 100 km/h in 7,9 Sekunden und einer Höchstgeschwindigkeit von 191 km/h war dieser Wagen sehr erfolgreich. Optisch unterschied er sich ziemlich von den vorherigen Typen, er besaß einen ovalen Kühlergrill, eine niedrige Windschutzscheibe aus Kunststoff, und er hatte keine Stoßstangen.

Der 100 M, der sowohl für die Straße als auch für den Rennsport gedacht war, wurde im Jahre 1956 angekündigt. Mit einem 4-Gang-Getriebe und den Le-Mans-

Tuningkomponenten des Werks, die früher nur als Bausatz geliefert wurden, lag der 100 M mit seiner Leistung zwischen dem Grundmodell und dem S-Modell. Die Beschleunigung von 0 auf 100 km/h betrug 9,7 Sekunden, die Höchstgeschwindigkeit bei 175 km/h.

Der M gab sich durch Schlitze in der Motorhaube sowie durch seine besondere Lackierung zu erkennen. Im Jahre 1957 entwickelte sich der Austin-Healey in Gestalt des 100 Six, einem 2,6-Liter-Wagen, der weiterentwickelt war als die 3000er-Serie, zu einem »großen« Sportwagen und stieg aus der normalen Klasse auf. Aber in der unteren Klasse kam im Jahre 1958 ein noch preisgünstigerer Healey ins Modellprogramm: der Austin-Healey Sprite.

Austin-Healey Sprite
Erdacht von Donald Healey und weiterhin dessen Namen tragend, war der Sprite ein völlig neuer kleiner Sportwagen, den BMC aus folgenden Teilen des Austin A–35 herstellte: 948-cm³-Motor, Getriebe, vordere Aufhängung und hintere Achse. Auf einem einfachen Grundchassis saß eine gleichermaßen einfache Karosserie, deren Form nur durch die charakteristisch her-

Typ: Triumph TR2. Bauzeit: 1953–1956. Ursprungsland: Großbritannien. Motor: Frontmontiert, 1991 cm3, Ventilstößelstangen, hängende Ventile, 4-Zylinder (Reihe), mit zwei SU-Vergasern; Verdichtungsverhältnis 8,50:1, Leistung 91 PS bei 4800/min, Drehmoment 158 NM bei 3000/min. Kraftübertragung: manuelles 4-Gang-Getriebe, mit einem manuellen Overdrive im vierten Gang, hinter dem Motor angebracht, Antrieb der Hinterräder. Aufhängung: Vorne, Einzelaufhängung mit Querlenkern, Schraubenfedern, Teleskopstoßdämpfern; Hinten, Antriebsachse, Halbelliptik-Federn, Teleskopstoßdämpfer. Bremsen: 9,0-Zoll Trommelbremsen. Räder: 15-Zoll Scheibenräder, mit 5,50×15er Reifen. Abmessungen (in mm): Radstand 2235; Spurweite vorne 1143 und hinten 1156; Länge 3581; Breite 1410; Höhe 1295. Gewicht: 940kg. Leistung: Beschleunigung von 0 auf 100 km/h in 12,4 Sekunden; die 400 m in 18,3 Sekunden mit einer Endgeschwindigkeit nach 400 m von 119 km/h; Höchstgeschwindigkeit 166 km/h; durchschnittlicher Benzinverbrauch 7,8 l/100 km.

vorstehenden Scheinwerfer auffiel. Zuerst wurden diese Scheinwerfer als plump und häßlich bezeichnet, und man gab ihnen die Spitznamen »Frogeye« (Froschauge) oder »Bugeye« (Käferauge). Heutzutage sieht man dieses Design mit anderen Augen. Ein anderes einzigartiges Charakteristikum war die Kühlerhaube, in Wahrheit die gesamte Frontpartie, die von vorne zu öffnen war und mit der sowohl die Aufhängung als auch der Motorraum freigelegt wurden.

Als er 1958 auf den Markt kam, war der erste Sprite dazu ausersehen, die Lücke, die die nicht mehr gebauten MG Midgets hinterlassen hatten, auszufüllen. Trotz seines sogar noch kleineren Motors mit 48 PS, war er durch seine moderne Machart in seiner Leistung dem MG TC und TD mit 1250-cm³-Motor ebenbürtig, wobei das Fahrverhalten und das Bremssystem wesentlich verbessert worden waren. Sogar der Preis lag trotz einer zehn Jahre andauernden gemäßigten Inflation noch unter dem dieser beiden Modelle.

Für wenig Geld konnte man einen ansprechenden, komfortablen Zweisitzer mit guten Fahreigenschaften, guter Straßenlage und einer Höchstgeschwindigkeit von 127 km/h kaufen. Die Beschleunigung von 0 auf 100 km/h in 21 Sekunden war sehr mäßig, er trotzdem für solch einen kleinen Wagen durchaus akzeptabel, und er sah schneller aus, als er tatsächlich war. Der vierte Gang war sehr lang übersetzt für niedertourige Fahrweise. Aber in der Stadt und in Kurven war es eine Freude, diesen Wagen mit seiner direkten Zahnstangenlenkung und seinem kontrollierbaren, fast neutralen Fahrverhalten zu bewegen. Der Benzinverbrauch war für einen Sportwagen bescheiden, mit mehr als 7,8 l/100 km bei normaler Fahrweise.

Im Jahre 1961 wurde das »Froschauge« durch den Sprite Mk II ersetzt, ein zivilisierteres, aber weniger ansprechendes Modell, bei dem die Scheinwerfer auf konventionelle Weise in die Kotflügel integriert waren, einer normalen Kühlerhaube und einem Kofferraumdeckel. Dieses Styling war im wesentlichen die Erstausgabe des MGB, der bald kommen sollte. Dies war logisch, da ein neuer Midget, der mit dem Sprite MK II fast identisch war, zur selben Zeit eingeführt werden sollte.

Die Leistung wurde geringfügig auf 51 PS erhöht, so daß nun eine Geschwindigkeit von 137 km/h möglich war, obwohl die Achsuntersetzung unverändert blieb. Die unteren drei Untersetzungsverhältnisse waren kürzer, das sorgte für mehr Spurtkraft.

Der MK II erhielt 1963 einen Motor mit 1098 cm³ und 56 PS. Die Höchstgeschwindigkeit blieb bei 137 km/h, die Beschleunigung war wesentlich besser.

Im Jahr 1964 folgte der Sprite Mk III/Midget Mk II mit 61 PS ; im Jahr 1967 der Mk IV/III mit 1275 cm³, 66 PS und einer Höchstgeschwindigkeit von 150 km/h; im Jahr 1970 der wenig veränderte Mk V/IV. Die Sprites und Midgets nannte der Volksmund wegen ihrer identischen Merkmale alle »Spridgets«. Nach Juli 1971 wurden jedoch keine weiteren »Spridgets« gebaut, der Wagentyp einfach MG Midget genannt, bis man die Herstellung im Jahr 1980 einstellte. Der letzte Midget besaß einen 1493-cm³-Motor, die Abgasbestimmungen führten dazu, daß er nur noch 52 PS leistete. Ein trauriges Ende.

Triumph TR 2, TR 3 und TR 4

Als Konkurrent von MG und Austin-Healey machte sich die englische Automobilmarke Triumph daran, die

Typ: Triumph Spitfire 4. Bauzeit: 1963–1965. Ursprungsland: Großbritannien. Motor: Frontmontiert, 1147 cm³, Ventilstößelstangen, hängende Ventile, 4-Zylinder (Reihe), mit zwei SU-Vergasern; Verdichtungsverhältnis 9,00:1, Leistung 64 PS bei 5750/min, Drehmoment 91 NM bei 3500/min. Kraftübertragung: manuelles 4-Gang-Getriebe, in den oberen drei Gängen synchronisiert, hinter dem Motor angebracht, Antrieb der Hinterräder; Achsuntersetzung 4,11:1. Aufhängung: Vorne, Einzelaufhängung mit Querlenkern, Schraubenfedern, Rohrstoßdämpfern, Stabilisator; Hinten, Einzelaufhängung mit Pendelachse, Querblattfedern, Achsstreben, Rohrstoßdämpfer. Bremsen: 9,0-Zoll Scheibenbremsen vorne, 7,0-Zoll Trommelbremsen hinten. Räder: 13-Zoll Scheibenräder oder Drahtspeichenräder, mit 5,20×13er Reifen. Abmessungen (in mm): Radstand 2108; Spurweite vorne 1245 und hinten 1219; Länge 3683; Breite 1448; Höhe 1207. Gewicht: 1555 Pfund. Leistung: Beschleunigung von 0 auf 100 km/h in 15,7 Sekunden; die 400 m in 20,7 Sekunden mit einer Endgeschwindigkeit nach 400 m von 111 km/h; Höchstgeschwindigkeit 145 km/h; durchschnittlicher Benzinverbrauch 7,8 l/100 km.

Lücke zwischen den preisgünstigen MGs und den größeren, zu einem mittleren Preis verkauften Austin-Healeys zu füllen. Triumph, eine Abteilung der Standard Motor Company, hatte in den 30er Jahren Sportwagen gebaut, und der bedeutendste Nachkriegssportwagen war der TR2, vorgestellt im Jahr 1953. Obwohl kleiner und preisgünstiger als der Austin-Healey 100, erreichte er dieselbe Leistung (91 PS) und war ein quirliger Typ.

Wie damals üblich, wurde der Motor aus dem Triebwerk einer Limousine entwickelt; in diesem Fall aus einem 1991-cm³-Motor mit vier Zylindern aus dem Standard Vanguard. Aus dem 3-Gang-Getriebe wurde ein 4-Gang-Getriebe. Aufhängung und Hinterachse stammten vom Triumph Mayflower, während der Rahmen speziell mit einer besonderen Steifigkeit konstruiert wurde. Mit einem Radstand von 2235 mm und

Typ: Crosley Hot Shot. Bauzeit: 1949–1952. Ursprungsland: USA. Motor: Frontmontiert, 724 cm³, eine obenliegende Nockenwelle, 4-Zylinder (Reihe) mit einem Tillotson Vergaser, Verdichtungsverhältnis 10,0:1, Leistung 27 PS bei 5400/min, Drehmoment 44 Nm bei 3000/min. Kraftübertragung: manuelles 3-Gang-Getriebe, nicht synchronisiert, hinter dem Motor angebracht, Antrieb der Hinterräder; Achsuntersetzung 3,29:1. Aufhängung: Vorne, Starrachse, Halbelliptik-Blattfedern, Rohrstoßdämpfer; hinten, Antriebsachse, Schrauben- und Viertelelliptik-Blattfedern (für die Anordnung der Achse), Teleskopstoßdämpfer. Bremsen: Vorne Scheibenbremsen, hinten Trommelbremsen (später mit 6 Zoll Trommelbremsen an allen vier Rädern). Räder: 12-Zoll Scheibenräder, mit 4,50 × 12er Reifen. Abmessungen (in mm): Radstand 2159; Spurweite vorne und hinten 1016; Länge 3467; Breite 1295; Höhe 1295. Gewicht: 568 kg. Leistung: Beschleunigung von 0 auf 100 km/h in 20 Sekunden; die 400 m in 24,4 Sekunden mit einer Endgeschwindigkeit nach 400 m von 106 km/h; Höchstgeschwindigkeit 124 km/h; durchschnittlicher Benzinverbrauch 8,1 l/100 km.

einem Gewicht von 940 kg erreichte der TR2 eine Geschwindigkeit von 100 km/h in 12,4 Sekunden und eine Höchstgeschwindigkeit von 166 km/h, so daß er sich mit dem teureren Healey 100 messen konnte. Hinsichtlich des Stylings galt dies jedoch nicht, er sah etwas klobig aus. Mit seiner sperrigen Frontpartie, leicht hervorstehenden Scheinwerfern, einem zurückgesetzten Kühlergrill, mit stark geneigten Kotflügeln und tiefausgeschnittenen Türen besaß der TR2 trotzdem das Aussehen eines Sportwagens. Zur Wahl standen Scheibenräder oder Drahtspeichenräder. Mit einem guten Fahrverhalten und hervorragenden Bremsen war er ein attraktives Angebot.

Im Jahr 1956 tauchte der in seinen Grundzügen ähnliche TR3 auf, mit einem auffallenden Kühlergrill und einer um 10 PS gesteigerten Motorleistung, die für eine um 3 km/h höhere Höchstgeschwindigkeit und eine um 0,2 Sekunden schnellere Beschleunigung auf 100 km/h sorgte. Wichtiger waren jedoch die verbesserten Seitenscheiben, ein nur für Kinder geeigneter Sitz hinter den Vordersitzen und ein reduziertes Auspuffgeräusch.

Durch ein von dem Italiener Michelotti vorgenommenes neues Styling war der TR4 im Jahre 1961 eine Ergänzung zum TR3, konnte ihn jedoch nicht sofort ersetzen. Obwohl immer noch nicht gerade eine Schönheit, wirkte die Linienführung moderner und nicht mehr so verschroben. Der Hubraum betrug nun 2138 cm³, was zu einer bescheidenen Zunahme der Motorleistung auf 107 PS führte. Nützlicher war jedoch die Steigerung des Drehmoments von 160 Nm auf 174 Nm. Mit einem gleichbleibenden Untersetzungsverhältnis – mit Ausnahme einer größeren Untersetzung im ersten Gang – konnte der TR4 eine Geschwindigkeit von 100 km/h in 10,6 Sekunden erreichen, und die Höchstgeschwindigkeit lag nun bei 177 km/h. Das Chassis glich dem des TR3, eine Ausnahme bildeten nur die freudig begrüßten Scheibenbremsen an den Vorderrädern. Der TR4 lief ohne wesentliche Veränderungen bis 1965 vom Band, danach erhielt er hinten eine Einzelradaufhängung, ein wesentlich verbessertes Verdeck und die Bezeichnung TR4A. Vom Preis her war er immer noch wettbewerbsfähig. Später stieg Triumph durch den Einbau eines 6-Zylinder-2,5-Liter-Motors in eine höhere Klasse auf.

Triumph Spitfire 4
Im Jahre 1962 produzierte Triumph, um mit dem Sprite Mk II von Austin-Healey konkurrieren zu können, den Spitfire, so benannt nach dem berühmten Kampfflugzeug bei der Schlacht um Großbritannien. Sein 1147-cm³-Motor wurde aus dem 1954er-Standard-Acht-Motor

Typ: Alfa Romeo Giulietta Spider. Bauzeit: 1956–1965. Ursprungsland: Italien. Motor: Frontmontiert, 1290 cm³, zwei obenliegende Nockenwellen, 4-Zylinder (Reihe) mit einem Weber Vergaser, Verdichtungsverhältnis 8,0:1, Leistung 73 PS bei 5500/min, Drehmoment 108 Nm bei 4000/min. Kraftübertragung: manuelles 4-Gang-Getriebe, in den oberen drei Gängen synchronisiert, hinter dem Motor angebracht, Antrieb der Hinterräder; Achsuntersetzung 4,55:1. Aufhängung: Vorne, Einzelaufhängung mit Querlenkern, Schraubenfedern, Rohrstoßdämpfern, Stabilisator; hinten, Längslenker, Schraubenfedern, Teleskopstoßdämpfer. Trommelbremsen. Räder: 15-Zoll Scheibenräder, mit 155×15er-Reifen. Abmessungen (in mm): Radstand 2210; Spurweite vorne und hinten 1270; Länge 3861; Breite 1575; Höhe 1321. Gewicht: 9260 kg. Leistung: von 0 auf 100 km/h in 15 Sekunden; 400 m in 19,8 Sekunden, nach 400 m 109 km/h; Höchstgeschwindigkeit 160 km/h; durchschnittlicher Benzinverbrauch 9,1 l/100 km.

entwickelt, bis er eine Leistung von 64 bhp bei 5750/min erreichte. Der Rahmen basierte auf dem des Triumph 1200 und des Sports Six, der Radstand wurde jedoch von 2324 auf 2108 Zoll reduziert. Es wurde eine konventionelle Vorderradaufhängung mit Schraubenfedern und Scheibenbremsen an den Vorderrädern verwendet. An der Hinterachse kam jedoch eine Pendelachse zum Einsatz. Dies sorgte für ein gutes Fahrverhalten und war für normale Manöver ausreichend, führte jedoch dazu, daß das Fahrzeug in engen Kurven bockte (nach innen geneigte Räder und ein sich hebendes Heck), was wiederum ein übermäßiges Übersteuern zur Folge hatte.

Das Styling, ebenfalls vom Michelotti, kann man als gefällig, jedoch nicht gerade als aufregend bezeichnen, mit seinen zu der Zeit für Sportwagen üblichen Kotflügeln, die bei den Scheinwerfern begannen, bis zur Türschwelle leicht abfielen und über die Hinterräder hinausliefen. Wie beim Sprite konnte die gesamte Frontpartie für Servicezwecke hochgeklappt werden, und zwar in Fahrtrichtung, genau wie beim Aston Martin/Jaguar. Im Gegensatz zum Sprite besaß der Spitfire Kurbelfenster.

Mit einem Gewicht von nur 706 kg und mit einer gegenüber dem Sprite Mk II um 15% gesteigerten Leistung war der Spitfire 3 Sekunden schneller auf 100 km/h und in der Höchstgeschwindigkeit 8 km/h schneller. Während die Handhabung nicht so gut war wie beim Sprite, waren seine Fahreigenschaften besser, und er war reisetauglich. Die Fahrleistung des Spitfire auf der Landstraße waren ein wesentliches Kaufargument.

Im Jahre 1965 wurde die Leistung des Spitfire auf 68 PS gesteigert, der Motor drehte bei nun 6000/min, und es gab geringfügige Verbesserungen an der Innenausstattung.

Die Leistung blieb weitgehend unverändert, aber 1968 besaß der Spitfire einen 1296-cm³-Motor, der für 76 PS gut war und dafür sorgte, daß der Spitfire bei der Beschleunigung vor dem Sprite lag und vor allem eine größere Höchstgeschwindigkeit erreichte. In vieler Hinsicht reagierte Triumph besser auf die amerikanischen Regelungen und war daher effektiver als BMC, und der Triumph blieb auch weiterhin konkurrenzfähig, als die Regelungen immer stärker ihren Tribut forderten. Die Hinterradaufhängung wurde ebenfalls modifiziert, wodurch der Wagen weniger zum Übersteuern neigte. 1980 bekam der Spitfire Gummistoßstangen, die genauso häßlich wie die des Midget und des MGB waren, die Innenausstattung wurde jedoch in einer attraktiven Art und Weise auf den neuesten Stand

Typ: Fiat 1200 Cabriolet. Bauzeit: 1959–1963. Ursprungsland: Italien. Motor: Frontmontiert, 1221 cm³, Ventilstößelstangen, hängende Ventile, 4-Zylinder (Reihe) mit einem Weber Vergaser, Verdichtungsverhältnis 8,25:1, Leistung 64 PS bei 5300/min, Drehmoment 81 Nm bei 3000/min. Kraftübertragung: manuelles 4-Gang-Getriebe, in den oberen drei Gängen synchronisiert, hinter dem Motor angebracht, Antrieb der Hinterräder. Aufhängung: Vorne, Einzelaufhängung mit Querlenkern, Schraubenfedern, Teleskopstoßdämpfer, Stabilisator; hinten, Halbelliptik-Federn, Teleskopstoßdämpfer, Stabilisator. Trommelbremsen. Räder: 14-Zoll Scheibenräder, mit 5,20×14er Reifen. Abmessungen (in mm): Radstand 2339; Spurweite vorne 1240 und hinten 1214; Länge 4031; Breite 1519; Höhe 1300. Gewicht: 894 kg. Leistung: von 0 auf 100 km/h in 19,4 Sekunden; 400 m in 20,8 Sekunden, nach 400 101 km/h; Höchstgeschwindigkeit 145 km/h; durchschnittlicher Benzinverbrauch 10,7 l/100 km.

gebracht. Aber zu diesem Zeitpunkt war die Motorleistung auf 54 PS gesunken und die Beschleunigung auf 100 km/h dauerte mehrere Sekunden länger als bei seinen Vorgängern. Der Produktionsstopp kam Dezember 1980.

Crosley Hot Shot

Vom heutigen Standpunkt aus gesehen, scheint der Crosley Hot Shot eigenartig gewesen zu sein, die Geschichte beweist jedoch, daß er ein echter Sportwagen war. Neben einigen Erfolgen in Automobilrennen tat sich der Wagen beim 12-Stunden-Rennen von Sebring im Jahre 1950 besonders hervor.

Powel Crosley Jr. verdiente ein Vermögen mit der Herstellung von Radiogeräten, aber Automobile waren seine große Leidenschaft und er begann 1939 mit der Herstellung von 2-Zylinder-Kleinwagen. Nach dem Zweiten Weltkrieg kamen seine 4-Zylinder-Limousinen und anderen Wagen beim Publikum gut an, bis billige Automobile weniger erstrebenswert erschienen.

Die Produktion des zweisitzigen Hot Shot und des Super Sports (mit Türen) begann im Jahre 1949, und als die Fabrik im Jahre 1952 schloß, waren fast 2500 Wagen verkauft worden. Der Hot Shot verkörperte eine ins extrem gehende Einfachheit. Auf dem aus U-Profilstahl bestehende Rahmen wurde der von Crosley und Carl W. Sunberg gestylte Aufbau mit Bolzen befestigt. Der Aufbau wies eine rundliche Form auf, aus der der Platz für Cockpit, Räder und Motorhaube ausgeschnitten wurden. Scheinwerfer und Ersatzrad waren aufgesetzt.

Der serienmäßige Hot Shot hatte nur eine Leistung von 27 PS, wog jedoch nur 568 kg, und daher war die Leistung mit der des Austin-Healey Sprite vergleichbar, der fast ein Jahrzehnt später auf den Markt kam: von 0 auf 100 km/h in 20 Sekunden und eine Höchstgeschwindigkeit von 124 km/h. Der Hot Shot war der erste Wagen, der serienmäßig mit Scheibenbremsen ausgerüstet war (Goodyear-Hawleys an den Vorderrädern wie bei einem Flugzeug), die hervorragend funktionierten, bis sie auf winterlichen Straßen mit Salz in Berührung kamen. Sie wurden im Jahre 1952 durch Trommelbremsen ersetzt, wurden jedoch in der Rennversion weiterhin verwendet. Die Straßenlage war gut.

Alles in allem stellte der Hot Shot ein kühnes Unterfangen dar, er war einigermaßen erfolgreich und verdient heutzutage Respekt. Seine Konstruktion war rechtschaffen und praktisch und stellte das Minimum für einen Sportwagen dar.

Alfa Romeo Giulietta und Giulia Spider

Der große italienische Hersteller Alfa Romeo war seit

den 20er Jahren für seine herausragenden Renn- und Straßenwagen berühmt, begann jedoch erst nach dem Zweiten Weltkrieg mit der Massenproduktion von Sportwagen für einen großen Markt.

Der Giulietta Spider, 1956 in den USA präsentiert, war keinesfalls ein Sportwagen für Einsteiger, aber gemäß den Maßstäben von Alfa einfach und erschwinglich. Mit einem 1290-cm³-4-Zylinder-Motor ausgestattet, besaß er die traditionellen zwei obenliegenden Nockenwellen von Alfa, die eine Leistung von 66 PS (nach der italienischen CUNA-Norm, was ca. 72 PS gemäß SAE-Norm entspricht) zuließen und die »magische« Geschwindig-

keit von 100 m/h (160 km/h) mit einer Achsuntersetzung von 4,55:1 erreichte. Mit einem hervorragenden 4-Gang-Getriebe, großgerippte Bremsen und Schraubenfedern an allen vier Rädern war der Giulietta ein tolles Auto, das seinen damals beträchtlichen Preis durchaus rechtfertigte.

Das Styling von Pininfarina trug zusammen mit der qualitativ hochwertigen Innenausstattung zum Charme des Wagens bei. Der Giulietta Spider und sein fast noch schöneres Gegenstück, das Bertone Coupé Giulietta Sprint, brachte italienische Finesse, gepaart mit hochtourigen Motoren, auf den amerikanischen Sportwa-

Typ: Fiat 124 Sport Spider. Bauzeit: 1966–1970. Ursprungsland: Italien. Motor: Frontmontiert, 1438 cm³, zwei obenliegende Nockenwellen, 4-Zylinder (Reihe) mit einem Weber Vergaser, Verdichtungsverhältnis 8,9:1, Leistung 97 PS bei 6500/min, Drehmoment 112 Nm bei 4000/min. Kraftübertragung: manuelles 5-Gang-Getriebe, voll synchronisiert, hinter dem Motor angebracht, Antrieb der Hinterräder, Achsuntersetzung 4,10:1. Aufhängung: Vorne, Einzelaufhängung mit Querlenkern, Schraubenfedern, Teleskopstoßdämpfer, Stabilisator; hinten, Antriebsachse, Längslenker, Panhardstab, Schraubenfedern. Bremsen: 8,0-Zoll Scheibenbremsen. Räder: 13-Zoll Scheibenräder, mit 165×13er Reifen. Abmessungen (in mm): Radstand 2281; Spurweite vorne 1346 und hinten 1316; Länge 3970; Breite 1613; Höhe 1250. Gewicht: 949 kg. Leistung: Beschleunigung von 0 auf 100 km/h in 12 Sekunden; die 400 m in 18,1 Sekunden mit einer Endgeschwindigkeit nach 400 m von 122 km/h; Höchstgeschwindigkeit 171 km/h; durchschnittlicher Benzinverbrauch 9,4 l/100 km.

Typ: Fiat 850 Spider. Bauzeit: 1966–1973. Ursprungsland: Italien. Motor: im Heck, 843 cm³, Ventilstößelstangen, hängende Ventile, 4-Zylinder (Reihe) mit einem Weber Vergaser, Verdichtungsverhältnis 9,3:1, Leistung 53 PS bei 6200/min, Drehmoment 62 Nm bei 4000/min. Kraftübertragung: manuelles 4-Gang-Getriebe, in den oberen drei Gängen synchronisiert, vor dem Motor angebracht, Antrieb der Hinterräder. Achsuntersetzung 4,88:1. Aufhängung: Vorne, Einzelaufhängung mit Querlenkern, Querblattfedern, Teleskopstoßdämpfern, Stabilisator; hinten Einzelaufhängung mit Schräglenkern, Halbwelle, Schraubenfedern, Teleskopstoßdämpfern, Stabilisator. Bremsen: 8,9-Zoll Scheibenbremsen vorne, 7,2-Zoll Trommelbremsen hinten. Räder: 13-Zoll Scheibenräder, mit 5,50×13er Reifen. Abmessungen (in mm): Radstand 2027; Spurweite vorne 1196 und hinten 1250; Länge 3772; Breite 1499; Höhe 1219. Gewicht: 745 kg. Leistung: Beschleunigung von 0 auf 100 km/h in 20,2 Sekunden; die 400 m in 21,6 Sekunden mit einer Endgeschwindigkeit nach 400 m von 100 km/h; Höchstgeschwindigkeit 135 km/h; durchschnittlicher Benzinverbrauch 7,4 l/100 km.

genmarkt und legte so die Normen für andere Hersteller fest. Im Jahre 1958 kam die leistungsstärkere Veloce-Version, die später den Namen Super erhielt. Die zwei Weber-Vergaser, ein Verdichtungsverhältnis von 9,50:1 und eine Leistung von 105 PS machten den Wagen noch schneller: von 0 auf 100 km/h in 11,2 Sekunden, Höchstgeschwindigkeit 179 km/h. Der Wagen besaß sogar ein von Porsche konstruiertes Getriebe.

Im Jahre 1963 wurde aus dem Giulietta der Giulia, mit einem auf 1570 cm³ vergrößertem Hubraum. Er unterschied sich optisch von seinem Vorgänger nur durch eine kaum wahrnehmbare Mulde in der Kühlerhaube und größere Rückleuchten. Er bekam ebenfalls ein 5-Gang-Getriebe und eine verbesserte Lenkung, dabei blieb der Preis noch annehmbar. Der Hubraumzuwachs sorgte für mehr Durchzugskraft, aber die Leistungsdaten änderten sich kaum. Der Giulia Spider Veloce aus dem Jahre 1965 entwickelte 131 PS und erreichte 100 km/h in 10,7 Sekunden, wurde jedoch im folgenden Jahr durch den völlig neuen 1600 Spider mit den Namen Duetto ersetzt.

Fiat 1100 TV, 1200 und 1500 Cabriolet
Nach dem Zweiten Weltkrieg konzentrierte sich Fiat auf Limousinen mit kleinem Hubraum, aber die Sportwagentradition, besonders in der Kategorie mit 1100 cm³, setzte eine limitierte Serie von Coupés fort. Im Jahre 1955 wurde mit der Einführung der verbesserten Tipo-103-Version des 1089-cm³-Motors ein Sportwagen mit dem Namen 1100 TV (Turismo Veloce) Spider hinzugefügt. Man verwendete das Rahmengerüst der Limousine, er erreichte 51 PS. Die späteren Motoren wiesen eine Leistung von 54 PS auf, eine Hubraumvergrößerung auf 1221 cm³ ergab 56 PS. Das Fahrverhalten war jedoch nicht außergewöhnlich, und der 1200 TV stand wie der 1100 TV in dem Ruf, ein »Boulevard«-Sportwagen zu sein, dessen Styling nach den hohen italienischen Normen recht verschroben wirkte.

Im Jahre 1959 führte ein neues, von Pininfarina gestyltes 1200 Cabriolet zu einer Revidierung dieser Auffassung. Dieser Wagen war nun einer der schönsten Sportwagen, besaß ein verbessertes Fahrverhalten und eine Leistung von 64 PS, die zu einer zügigen Beschleunigung und einer Höchstgeschwindigkeit von 145 km/h führte. Im Jahre 1960 wurde eine 1491-cm³-Version als 1500 Cabriolet hergestellt, mit zwei obenliegenden Nockenwellen, von OSCA konstruiert. Der Motor leistete 91 PS und machte den Wagen äußerst leistungsstark (von 0 auf 100 km/h in 10,8 Sekunden, Höchstgeschwindigkeit von 169 km/h). Der Hubraum des folgen-

den 1600 S besaß 1568 cm³, die Höchstgeschwindigkeit lag bei 174 km/h. Diese Version ließ sich vom 1500 durch seine vorspringende Kühlerhaube unterscheiden.

Fiat 124, 2000 und Pininfarina Azzurra Spider
Im Jahre 1966 ersetzte Fiat die 1500/1600 S Cabriolets durch einen völlig neuen Sportwagen, der einen geringfügig kleineren Hubraum besaß, sonst aber in jeder Hinsicht, auch in der Leistung, fortschrittlicher war: den 124 Sport Spider, hatte einen Hubraum von 1438 cm³, 97 PS, zwei Sitze, war kompakter und nur 45

Typ: Fiat X1/9. Bauzeit: 1974–1989. Ursprungsland: Italien. Motor: Mittelmotor, querangeordnet, 1290 cm³, eine obenliegende Nockenwelle, 4-Zylinder (Reihe) mit einem Weber-Vergaser, Verdichtungsverhältnis 8,5:1, Leistung 68 PS bei 6200/min, Drehmoment 92,3 Nm bei 3600/min. Kraftübertragung: manuelles 4-Gang-Getriebe, quer zum Motor angebracht, Antrieb der Hinterräder. Achsuntersetzung 4,08:1. Aufhängung: Vorne, McPherson-Federbeine, niedrige Seitenstreben, Schraubenfedern, Teleskopstoßdämpfer; hinten, Chapman-Federbeine, Halbwellen, niedrigere Querlenker, Schraubenfedern, Teleskopstoßdämpfer. Bremsen: 8,9-Zoll Scheibenbremsen. Räder: 13-Zoll Scheibenräder, mit 145×13er Reifen. Abmessungen (in mm): Radstand 2202; Spurweite vorne 1334 und hinten 1344; Länge 3899; Breite 1570; Höhe 1171. Gewicht: 906 kg. Leistung: Beschleunigung von 0 auf 100 km/h in 15,5 Sekunden; die 400 m in 20 Sekunden mit einer Endgeschwindigkeit nach 400 m von 111 km/h; Höchstgeschwindigkeit 150 km/h; durchschnittlicher Benzinverbrauch 7,8 l/100 km.

kg schwerer. Mit zwei durch Zahnriemen angetriebene obenliegende Nockenwellen und einem vollsynchronisierten 5-Gang-Getriebe machte der hinterradgetriebene 124 Spider in den USA Karriere. Er besaß Scheibenbremsen an allen vier Rädern, seine Aufhängung war hervorragend abgestimmt und setzte neue Maßstäbe hinsichtlich Fahrverhalten, Handhabung und Straßenlage. Er war der erste wahrhaft erschwingliche moderne Sportwagen der 60er Jahre, der seiner vorwiegend englischen Konkurrenz weit voraus war.

Die Karosserie, wiederum von Pininfarina geschneidert, war vielleicht nicht so ansehnlich wie die seiner

Typ: Porsche 1500S Super Speedster. Bauzeit: 1955–1958. Ursprungsland: Deutschland. Motor: Vierzylinder-Boxermotor im Heck, 1488 cm3, Ventilstößelstangen, hängende Ventile, mit zwei Solex Vergasern, Verdichtungsverhältnis 8,20:1, Leistung 85 PS bei 5000/min, Drehmoment 107 Nm bei 3600/min. Kraftübertragung: manuelles 4-Gang-Getriebe, voll synchronisiert, vor dem Motor angebracht, Antrieb der Hinterräder. Achsuntersetzung 4,85:1. Aufhängung: Vorne, Einzelaufhängung mit Längslenkern, Quer-Torsionsfedern, Rohrstoßdämpfern; hinten, Einzelaufhängung mit Achsstreben, Halbwellen, Quer-Torsionsfedern, Teleskopstoßdämpfern. Bremsen: Trommelbremsen. Räder: 16-Zoll Scheibenräder, mit 5,00×16er Reifen. Abmessungen (in mm): Radstand 2100; Spurweite vorne 1290 und hinten 1250; Länge 3937; Breite 1651; Höhe 1295. Gewicht: 8130kg. Leistung: Beschleunigung von 0 auf 100 km/h in 10,5 Sekunden; die 400 m in 17,4 Sekunden mit einer Endgeschwindigkeit nach 400 m von 121 km/h; Höchstgeschwindigkeit 1167 km/h; durchschnittlicher Benzinverbrauch 10,2 l/100 km.

Vorgänger, unterschied sich jedoch deutlich von diesen und wirkte aggressiver. Nebem einem großen Kofferraum, Kurbelfenster und einer äußerst properen Innenausstattung mit hervorragenden Bedienungselementen besaß der Spider ein Verdeck, das sich vorbildlich leicht handhaben ließ. Man konnte es mit nur einer Hand vom Fahrersitz auf- oder zuklappen. Der Wagen war nicht besonders schnell, aber in jeder anderen Hinsicht, auch mit seinem günstigen Preis, setzte er neue Maßstäbe.

Um mehr Kaufinteresse zu wecken, brachte Fiat im Jahre 1971 eine Version mit 1608 cm3 und 106 PS auf den Markt. Eine bessere Beschleunigung in allen Gängen und ein um 45 kg höheres Gewicht bedeuteten keinen großen Fortschritt, aber das höhere Drehmoment verbesserte die Fahreigenschaften im normalen Straßenverkehr. Im Jahre 1974 stieg der Hubraum auf 1756 cm3, die Leistung ging jedoch aufgrund des strengeren Abgaslimits zurück. Die Version mit einem Hubraum von 1995 cm3, heute eher unter der Bezeichnung 2000 als unter der Bezeichnung 124 bekannt ist, hatte laut Werk eine Leistung von nur 81 PS, das scheint indes untertrieben, da die Beschleunigung wesentlich besser war: 100 km/h in 10,8 Sekunden. 1982 brachte der Einbau einer Benzineinspritzung einen Durchbruch, die Leistung stieg dadurch auf 107 PS, die Beschleunigung von 0 auf 100 km/h betrug 10 Sekunden, die Höchstgeschwindigkeit 185 km/h. Das letzte Stadium in Fiats langer Entwicklung des 124 war ein Turbo für den US-Markt. Die angegebene Leistung lag bei 122 PS, die tatsächlichen Leistungsdaten wiesen jedoch keine wesentliche Verbesserung auf.

Nachdem sich Fiat vom US-Markt zurückgezogen und die Produktion des 124/2000 eingestellt hatte, baute Pininfarina die Version mit 1995 cm3 und Einspritzung unter dem Namen Azzurra weiter. Im Jahre 1985, dem 20. Produktionsjahr, war der Wagen immer noch erstaunlich zeitgemäß und populär. Er stellte damit unter Beweis, daß der Sportwagenmarkt immer noch existierte und in den 80er Jahren wiederbelebt werden könnte.

Fiat 850 Spider

Obwohl mit einem geringeren Hubraum und einer niedrigeren Leistung als seine englischen Rivalen, wie z.B. Austin-Healey Sprite, MG, Midget und Triumph Spitfire, ausgestattet, war der mit einem Heckmotor ausgerüstete Fiat 850 Spider ein Meisterstück an äußerem und innerem Styling, mit funktionellen Bedienungselementen, hervorragend ausgearbeiteten Details und lobenswerten Fahreigenschaften. Die Beschleunigung war bescheiden, und der Motor drehte sehr hochtourig bei Reisegeschwindigkeit. Die gute Aerodynamik erlaubte eine Höchstgeschwindigkeit von 145 km/h (wenn man bereit war, die rote Markierung bei 6200/min zu überschreiten).

Der 850 Spider besaß ursprünglich im Jahr 1966 einen Motor mit nur 843 cm³ und einer Leistung von 53 PS (der Hubraum wurde im Jahre 1968 zeitweilig auf 817 cm³ reduziert, wegen der US-Abgasnormen). Später wurde der Hubraum auf 903 cm³ vergrößert; Resultat: 59 PS. Dies führte dazu, daß der Wagen spritziger wurde, jedoch noch immer nicht an seine Rivalen mit 1100 und 1300 cm³ herankam. Das Fahrverhalten war trotz der hohen Hinterachslast neutral und der Geräuschpegel im Inneren aufgrund der guten Geräuschdämmung und der Heckposition des Motors angemessen niedrig. Das Verdeck war wesentlich einfacher auf- und zuzuklappen als die englischen Verdecke.

In seiner ursprünglichen Form besaß der schön anzusehende Wagen ovale Scheinwerfer. Diese wurden ab Mitte 1968 weggelassen, was dazu führte, daß die Front nicht mehr so ausgeprägt und attraktiv war. Trotzdem konnte der Wagen in den USA kontinuierliche Verkaufszahlen vorweisen, bis ihn 1974 der X1/9 ersetzte.

Fiat/Bertone X1/9

Als der mit einem Mittelmotor ausgestattete X1/9 im Jahre 1974 angekündigt wurde, erwartete man sehr viel von ihm. Er war zunächst jedoch untermotorisiert und hatte Schwierigkeiten, die strengeren US-Bestimmungen zu erfüllen. Es wurden viele wesentliche Verbesserungen vorgenommen, aber jedesmal schien der Wagen unter seinen Möglichkeiten zu bleiben.

Mit seinem quereingebauten, durch Zahnriemen angetriebenen 4-Zylinder-Motor mit einer obenliegenden Nockenwelle stellte der X1/9 ein effizientes Paket dar, wobei die Kardanwelle wesentlich besser zugänglich war als die des Porsche 914. Er besaß hervorragende Fahreigenschaften und hatte vier Scheibenbremsen. Der 1290-cm³-Motor produzierte jedoch nur 68 PS, und die Leistung auf gerader Strecke war enttäuschend, sie erbrachte nur einen Wert von 15,5 Sekunden für die Beschleunigung von 0 auf 100 km/h, und die Höchstgeschwindigkeit lag nur bei 150 km/h. In seinem Aussehen war der Wagen sehr modern, mit seinem flotten Targa-Styling von Bertone. Die Anordnung des Motors gestattete zwei Kofferräume, einen über den Vorderrädern und einen hinter dem Motor.

Typ: Porsche 914/4. Bauzeit: 1969–1976. Ursprungsland: Deutschland. Motor: Vierzylinder-Boxermotor in der Mitte, 1679 cm3, eine obenliegende Nockenwelle mit Kettenantrieb, Benzineinspritzung von Bosch, Verdichtungsverhältnis 8,20:1, Leistung 85 PS bei 4900/min, Drehmoment 140 Nm bei 2800/min. Kraftübertragung: manuelles 5-Gang-Getriebe, voll synchronisiert, hinter dem Motor angebracht, Antrieb der Hinterräder, Achsuntersetzung 4,43:1. Aufhängung: Vorne, McPherson-Federbeine, niedrige Querlenker, Torsionsfedern, Rohrstoßdämpfer; hinten, Schräglenker, Halbwellen, Schraubenfedern, Teleskopstoßdämpfer. Bremsen: 11,0-Zoll Scheibenbremsen. Räder: 15-Zoll Scheibenräder, mit 165×15er Reifen. Abmessungen (in mm): Radstand 2449; Spurweite vorne 1336 und hinten 1374; Länge 3985; Breite 1651; Höhe 1219. Gewicht: 947kg. Leistung: Beschleunigung von 0 auf 100 km/h in 14 Sekunden; die 400 m in 19 Sekunden mit einer Endgeschwindigkeit nach 40 von 113 km/h; Höchstgeschwindigkeit 175 km/h; durchschnittlicher Benzinverbrauch 9,0 l/100 km.

Um die Leistung zu verbessern, bekam der X1/9 im Jahre 1971 einen 1498-cm³-Motor und ein 5-Gang-Getriebe. Das höhere Drehmoment und das verbesserte Getriebe machten den Wagen schneller und anzugsstärker. 100 km/h wurden in 11,3 Sekunden erreicht, der Motor zog besser bei niedrigeren Drehzahlen und die Höchstgeschwindigkeit lag nun bei 177 km/h. Dies war die bei weitem beste Version des X1/9, obwohl die großen Stoßstangen nicht gut aussahen.
Als der Sprite, der Midget und der Spitfire nicht mehr existierten, gehörte der Markt der kleinen Sportwagen ganz allein dem X1/9. Der Wagen wurde im Jahre 1980 durch eine Benzineinspritzung verbessert. Trotzdem war er in vieler Hinsicht längst überholt. Dasselbe, was

Typ: Honda S 800. Bauzeit: 1966–1970, Japan. Frontmotor, 791 cm³, zwei obenliegenden Nockenwellen, 4-Zylinder (Reihe) mit vier Keihin Vergasern, Verdichtungsverhältnis 9,20:1, Leistung 71 PS bei 8000/min, Drehmoment 67 Nm bei 6000/min. Kraftübertragung: manuelles 4-Gang-Getriebe, voll synchronisiert, hinter dem Motor, Antrieb der Hinterräder, Achsuntersetzung 4,71:1. Aufhängung: vorne, Einzelaufhängung mit Querlenker, Längstorsionsfedern, Teleskopstoßdämpfern, Stabilisator; hinten, Antriebsachse, Längslenker, Schraubenfedern, Rohrstoßdämpfer. 9,4-Zoll Scheibenbremsen vorne, Trommeln hinten. Räder: 13-Zoll Scheibenräder, mit 145×13er Reifen. Abmessungen (in mm): Radstand 1999; Spurweite vorne 1227 und hinten 1151; Länge 3335; Breite 1340; Höhe 1201. Gewicht: 741 kg. Leistung: von 0 auf 100 km/h in 12,3 Sekunden; 400 m in 16,8 Sekunden; Höchstgeschwindigkeit 160 km/h; Benzinverbrauch 6,7 l/100 km.

schon zuvor mit dem 2000 Spider und Pininfarina geschehen war, widerfuhr jetzt dem X1/9: Die Produktion wurde von Bertone übernommen.

Porsche 356 Speedster

Es ist kaum zu glauben, daß es vor 34 Jahren einen Porsche gab, der auf dem US-Markt umgerechnet nur 12 000 Mark kostete. Dieser Wagen war der sportlichste offene Wagen, den Porsche je hergestellt hat – der 356.

Die Motoren mit 67 und 85 PS, Vierzylinder-Boxer wie die von Volkswagen, aus denen sie entwickelt waren, saßen im Heck, was bei Sportwagen dieser Zeit einzigartig war und nur von wenigen Herstellern nachgeahmt worden ist. Das Problem lag darin, daß der Wagen stark zum Übersteuern neigte. Die Porsche-Fahrer genossen jedoch die Möglichkeit, per Gas in den Kurven zu lenken. Porsche-Ingenieure hatten dieses Problem 1955 beim Speedster bereits durch eine Veränderung in den vorderen Torsionsfedern teilweise gelöst. Der 356 profitierte von einer äußerst exakten Lenkung.

Im Vergleich zu den damaligen englischen Sportwagen war der Porsche ausgeklügelt, leichtgewichtig und war modern gestylt. Mit einem Pritschenchassis, Einzelradaufhängung an allen vier Rädern, sehr hoch getunten Motoren, einem vollständig synchronisierten 4-Gang-Getriebe und einer äußerst aerodynamischen Karosserie waren die 356er ruhige, leise Wagen mit außergewöhnlichen Fahreigenschaften. Zu Anfang waren die Bremsen unterdimensioniert, aber von 1952 an sorgten größere Bimetalltrommeln für bessere

Bremseigenschaften. In seiner Coupé-Form und sogar in seiner gut ausgepolsterten Cabriolet-Form war der 356 einer der ersten Grand-Tourisme-Wagen, es gab jedoch einen klar umrissenen Markt für einfachere offene Sportwagen.

Dieser Markt wurde vom Speedster bedient, dessen Name die Karosserieform beschrieb: eine extrem niedrige Windschutzscheibe und ein Stoffverdeck (die Sitze konnten für große Fahrer abgesenkt werden). Obwohl tief in der Karosserie »eingemauert«, hatte der Fahrer beinah des Gefühl, im Freien zu sitzen, so unmittelbar und direkt war das Fahrerlebnis. Der 1500 S war für die Größe seines Motors extrem schnell, er beschleunigte

Typ: Toyota Sports 800. Bauzeit: 1965–1969. Ursprungsland: Japan. Motor: Frontmontiert, 790 cm³, Ventilstößelstange, hängende Ventile, luftgekühlter 2-Zylinder-Boxermotor mit zwei Aisan Vergasern, Verdichtungsverhältnis 9,00:1, Leistung 50 PS bei 5400/min, Drehmoment 67 Nm bei 3800/min. Kraftübertragung: manuelles 4-Gang-Getriebe, in den oberen drei Gängen synchronisiert, hinter dem Motor angebracht, Antrieb der Hinterräder; Achsuntersetzung 3,30:1. Aufhängung: vorne, Einzelaufhängung, Querlenker, Längstorsionsfedern, Teleskopstoßdämpfer, Stabilisator; hinten, Antriebsachse, Halbelliptik-Blattfedern, Teleskopstoßdämpfer. Bremsen: Trommelbremsen. Räder: 12-Zoll Scheibenräder, mit 6,00×12er Reifen. Abmessungen (in mm): Radstand 2002; Spurweite vorne 1229 und hinten 1161; Länge 3579; Breite 1466; Höhe 1176. Gewicht: 582 kg. Leistung: Beschleunigung (geschätzt), von 0 auf 100 km/h in 12,7 Sekunden; die 400 m in 21,8 Sekunden bei einer Endgeschwindigkeit nach 400 m von 95 km/h; Höchstgeschwindigkeit 156 km/h; durchschnittlicher Benzinverbrauch 6 l/100 km.

Typ: Datsun 1600 Sports. Bauzeit: 1966–1967. Ursprungsland: Japan. Motor: Frontmontiert, 1595 cm³, Ventilstößelstangen, hängende Ventile, 4-Zylinder (Reihe) mit zwei Hitachi Vergasern; Verdichtungsverhältnis 9,00:1, Leistung 97 PS bei 6000/min, Drehmoment 140 Nm bei 4000/min. Kraftübertragung: manuelles 4-Gang-Getriebe, voll synchronisiert, hinter dem Motor angebracht, Antrieb der Hinterräder; Achsuntersetzung 3,89:1. Aufhängung: vorne, Einzelaufhängung mit Querlenkern, Schraubenfedern, Teleskopstoßdämpfern; hinten, Antriebsachse, Halbelliptik-Federn, Teleskopstoßdämpfer. Bremsen: 11,2-Zoll Scheibenbremsen vorne, 9,0-Zoll-Trommelbremsen hinten. Räder: 14-Zoll-Scheibenräder, mit 5,60×14er-Reifen. Abmessungen (in mm): Radstand 2281; Spurweite vorne 1270 und hinten 1196; Länge 3952; Breite 1496; Höhe 1306. Gewicht: 947 kg. Leistung: Beschleunigung von 0 auf 100 km/h in 13,5 Sekunden; die 400 m in 19,8 Sekunden bei einer Endgeschwindigkeit nach 400 m von 113 km/h; Höchstgeschwindigkeit 163 km/h; durchschnittlicher Benzinverbrauch 10,2 l/100 km.

auf 100 km/h in nur 10,5 Sekunden und erreichte mit geschlossenem Verdeck eine Höchstgeschwindigkeit von 167 km/h, bei offenem Verdeck war die Höchstgeschwindigkeit etwas niedriger. Im Jahre 1958 wurde der 1600 Super Speedster mit einem 1582-cm³-Motor ausgestattet, der 89 PS leistete, was zu einer deutlichen Verbesserung der Fahrleistung über 100 km/h führte. Aber mit der Zeit wurde er deutlich teurer und ließ die Reihen der einfachen Sportwagen hinsichtlich des Preises, jedoch nicht in bezug auf sein Konzept hinter sich. Während der nächsten Jahre fand Porsche keinen Zugang mehr zu diesem Markt.

Porsche 914/4

Im Jahre 1969 stellte Porsche den 914 vor, bei dem man, wie schon zuvor, auf Volkswagenkomponenten zurückgegriffen hatte. Zusätzlich zu seinem Targa-Verdeck, ein halboffenes Verdeck, das von Porsche eingeführt wurde, besaß der 914 einen in der Mitte liegenden 4-Zylinder-Boxermotor, der vor einem 5-Gang-Getriebe angebracht war. Diese Anordnung, die bereits bei Rennwagen Verwendung fand, bot die beste Gewichtsverteilung, Kraftübertragung und Traktion. Im Straßenverkehr waren die Ergebnisse nur unwesentlich besser als die mit herkömmlichem Frontmotor/Heckantrieb. Der Zugang zum Motor und die Sicht nach hinten wurden durch die Anordnung des Motors in der Mitte erschwert.

Ungeachtet dessen war Porsche bestrebt, sein Rennimage auf einen Wagen der Serienproduktion zu übertragen. Im Falle des 914/6 war das Ergebnis eine kraftvolle Maschine, ein wahrer Porsche, aber die relativ zahme 4-Zylinder-Version hatte besonders in Europa eher das Image eines VW-Sportwagens. Mit einem brummigen 1679-cm³-Motor, der nur 85 PS leistete, war der Wagen nicht besonders schnell und erreichte 100 km/h in 14 Sekunden. Die Höchstgeschwindigkeit lag jedoch aufgrund der guten Aerodynamik und der Übersetzung bei respektablen 175 km/h. Er war aber wesentlich teurer als seine Konkurrenten.

Hinsichtlich seiner Konstruktion war der Zweisitzer 914 sehr modern. Von vorne betrachtet, sah er mit seinen versenkbaren Scheinwerfern und großen Gummistoßstangen nicht sehr attraktiv aus. Durch die extrem breite Motorhaube wirkten die vorderen Kotflügel zusammengedrückt. Von hinten sah der Wagen wesentlich besser aus. Der hinter dem Motor liegende Kofferraum war sehr groß, und der vorne untergebrachte Tank faßte 62 Liter und erlaubte eine Reichweite von 688 km bei einem Verbrauch von 9 l/100 km. Bei Fahrten auf Landstraßen war die Reichweite sogar

noch größer.

Spätere Versionen besaßen 2,0- und 2,2-Liter-Motoren, die zu einer Leistungssteigerung führten, aber diese Modelle mußten schließlich dem 924 mit Frontmotor weichen.

Honda S 500/800

Honda, ursprünglich nur Hersteller von Motorrädern, kam anfangs mit Automobilen auf den Markt, die auf einer äußerst wirkungsvollen Technologie der Motoren mit kleinem Hubraum basierten. Der erste zweisitzige Roadster von Honda war der S 360 aus dem Jahr 1962, ein Prototyp, der nie in Serie ging. Sein 4-Zylinder-Motor mit zwei obenliegenden Nockenwellen sowie mit vier Vergasern erreichte eine erstaunliche Leistung von 33 PS bei einem Hubraum von nur 356 cm³. Der Wagen wog nur 509 kg und erzielte ein Spitzentempo von 121 km/h. Er war äußerst kompakt, besaß einen Radstand von 1998 mm, einen Kastenleiterrahmen, Einzelradaufhängung und einen Kettenantrieb der Hinterräder.

In den Jahren 1963 bis 1964 kam ein Modell mit der Bezeichnung S 500 auf den Markt, das mit einem 531-cm³-Motor ausgestattet war und 45 PS leistete. Sein Nachfolger war der S 600, mit einem 606-cm³-Motor und 58 PS, der von 1964 bis 1966 verkauft wurde. Mit der Einführung des S800 im Jahre 1966 war das Design vollkommen ausgereift. Mit einer Leistung von 71 PS bei 8000/min und einem 791-cm³-Motor konnte er in seiner Leistung sehr gut mit den kleinen europäischen Konkurrenten mithalten. Die Beschleunigung für die 400 m Distanz lag bei 16,8 Sekunden und die Höchstgeschwindigkeit bei 160 km/h. Das vollsynchronisierte 4-Gang-Getriebe war ein äußerst wichtiger Bestandteil für einen Wagen, der ständig im oberen Drehzahlbereich gefahren werden mußte (das maximale Drehmoment lag bei 6000/min), um seine Leistung zu erreichen. Der S 800 besaß eine herkömmliche Antriebsachse.

Das Styling des kleinen Roadsters war frisch und ansprechend, mit europäischen Stilelementen, aber einer eigenständigen Identität. Er war nur 3335 mm lang, besaß klare Linien und straffe Proportionen mit qualitativ hochwertigen Details und hervorragender Ausführung. Die Schrägstellung des Motors um 45° war nur durch eine kleine Ausbuchtung auf der rechten Seite der Kühlerhaube zu bemerken. Unglücklicherweise machte ihn der hohe technologische Bauaufwand zu einem teuren Stück, und Honda wandte sich mit Erfolg den wirtschaftlichen Großserienwagen zu.

Es wurden nur 25853 Stück vom kleinen Honda

S 500/600/800 gebaut (einige der S 600 und S 800 als Coupé), und eine geringe Anzahl wurde auf den amerikanischen Markt exportiert. Verständlicherweise erzielen diese Modelle heute Spitzenpreise.

Toyota Sports 800

Bei ihrer Erstvorstellung in den Jahren 1962 und 1964 auf einer Automobilausstellung in Tokio, ursprünglich unter der Bezeichnung Publica Sports bekannt, waren die Prototypen des Toyota Sports 800 mit einem luftgekühlten 700-cm³-Zweizylinder-Boxermotor bestückt, der auf der Panhard-Konstruktion basierte, vorne saß und via 4-Gang-Getriebe die Hinterräder antrieb. Der erste Prototyp, im wesentlichen ein Vorzeigemodell, besaß ein einzigartiges Klappverdeck, während der Prototyp der 1964 hergestellten Serie ein abnehmbares Dach nach Targa-Art hatte. Der Motor des letzteren Wagens besaß zwei Vergaser, leistete 41 PS und sorgte für eine Höchstgeschwindigkeit von 150 km/h.

Der in Serie hergestellte Sports 800, präsentiert im Jahr 1965, besaß einen 790-cm³-Motor mit 50 PS. Obwohl er nicht mit dem technisch ausgefeilten Honda S 800 verglichen werden konnte, war die Leistung des kleinen Sportwagens von Toyota sehr gut, einschließlich seiner Höchstgeschwindigkeit von 156 km/h. Sein Styling war sehr ansprechend, besonders die Scheinwerfer, erinnerten an den berühmten 2000 GT.

Datsun SPL-310, 1600 und 2000 Sports

Die von Nissan hergestellten Datsun-Wagen SPL-310/1600/2000 Sports basierten weitgehend auf dem englischen Sportwagenkonzept der späten 50er und waren die einzigen zweisitzigen japanischen Roadster, die sich auf dem amerikanischen Markt ernsthaft durchsetzen konnten und schließlich den Weg für den berühmten 240 Z GT bahnten. In Japan als Fairlady bekannt und in den USA im Jahr 1963 eingeführt, war der SPL-310 ein Roadster mit der konventionellen Kombination

Frontmotor/Heckantrieb, der in Aussehen, Größe und Leistung dem MGB glich, jedoch etwas leichter und etwas günstiger im Preis war. Die Gesamtform war stattlich, obwohl das Design zahlreicher Details, wie zum Beispiel die Anordnung der Rückleuchten, zu wünschen übrig ließ.

Hinsichtlich der Mechanik glich der Datsun ebenfalls den englischen Wagen. Unter der Fronthaube sah der Motor mit Stößelstangen, hängenden Ventilen, 4 Zylindern in Reihe und den SU-ähnlichen beiden Hitachi-Vergasern dem Motor des MGB sehr ähnlich. Bei Chassis und Aufhängung wurde ähnlich verfahren, während die Innenausstattung und das Verdeck recht englisch aussahen. Eine Besonderheit war der schräg angeordnete dritte Sitz hinter den beiden Vordersitzen.

Trotz seiner höheren Leistung von 86 PS entsprach der Datsun mit dem 1488-cm³-Motor eher dem MGA als dem MGB. Im Jahre 1966 bekam der Wagen den Namen 1600 Sports und war mit einem 1595-cm³-Motor, einem vollsynchronisierten 4-Gang-Getriebe und vorderen Scheibenbremsen wesentlich konkurrenzfähiger. Er beschleunigte auf 100 km/h in 13,5 Sekunden, und die Höchstgeschwindigkeit betrug 163 km/h. Dieser Wert lag nahe beim Wert des MGB.

Die Technik der obenliegenden Nockenwelle wurde 1967 mit dem 2000 Sport eingeführt. Obwohl seine Fahreigenschaften aufgrund des altertümlichen Chassisdesigns immer noch begrenzt waren, besaß er eine kraftvolle Leistung von 137 PS, die es ermöglichte, von 0 auf 100 km/h in 10,4 Sekunden zu beschleunigen und eine Höchstgeschwindigkeit von 183 km/h zu erreichen, womit er viel schneller als der MGB war.

Als drei Jahre später der 240 Z erschien, bedauerten viele Leute, daß keine Roadster-Version angeboten wurde. Auf dem Weltmarkt waren offene Wagen jedoch nicht mehr so sehr gefragt. Nach und nach wurde kein Roadster mehr gefertigt, bis in der unteren Preisklasse Wagen dieser Art ausgestorben waren.

Wahrlich, die Götter haben Sinn für Humor.

Ein echtes Rätsel, diese Welt, in der wir leben – Berge, Täler, Seen und Meere sind zu einem scheinbar wunderlichen Durcheinander zusammengewürfelt, das sich über endlose Weiten erstreckt.

Doch die Menschheit wurde von ihren Mythen befreit, und ein Schein von Ordnung zog in das Chaos ein. Vielleicht ist der Sinn für das Schöne die Belohnung des Menschen für sein Streben, das Wunder des Ganzen zu begreifen.

Durch diesen Sinn haben wir die Fähigkeit, die Schönheit der Dinge zu erfassen, die uns umgeben: niederrieselnder Schnee, der Abendhimmel bei Sonnenuntergang, oder auch vom Wind gepeitschte Bäume. Nur dem Menschen ist es gegeben, wahre Begeisterung beim Anblick des lichten Grüns neuer Blätter im Frühling oder angesichts der beeindruckenden Weite der Meere zu empfinden.

Ein Augenschmaus: Gäbe es für uns einen besseren Grund, das Stoffverdeck herabzulassen und uns auf die Suche nach Schönheit zu begeben? Wie liebkosend streicht der Wind über unser Gesicht und weckt einen nahezu unstillbaren Hunger, und der rechte Fuß gehorcht und drückt stärker auf das Gaspedal – wie ein Pfeil schießen wir auf die fernen Hügel zu.

Die Höhen und die Täler bilden eine groteske Landschaft – als ob die Erde tiefste Einblicke in ihre Seele offenbare. Man hat das Gefühl, als sei jedes Sandkorn in der Wüste ein Mosaiksteinchen der Schönheit. Dann fühle ich mich unwiderruflich mit der Erde innig verbunden.